液化天然气操作工职业技能鉴定试题集

液化天然气操作工

（初级）

薛文河　王小尚　吴　斌　主编

中国石化出版社

内容提要

《液化天然气操作工职业技能鉴定试题集》由中国石化天然气分公司组织、青岛液化天然气有限责任公司编写。内容包括：液化天然气操作工初级工、中级工、高级工、技师的国家职业标准、鉴定要素细目表、理论知识试题和技能操作试题，是液化天然气操作工进行职业技能鉴定的必备学习资料。

图书在版编目(CIP)数据

液化天然气操作工：初级 / 薛文河，王小尚，吴斌主编. —北京：中国石化出版社，2022.7
液化天然气操作工职业技能鉴定试题集
ISBN 978-7-5114-6695-2

Ⅰ.①液… Ⅱ.①薛… ②王… ③吴… Ⅲ.①液化天然气-操作-职业技能-鉴定-习题集 Ⅳ.①TE8-44

中国版本图书馆 CIP 数据核字(2022)第 090224 号

中国石化出版社出版发行
地址：北京市东城区安定门外大街 58 号
邮编：100011 电话：(010)57512500
发行部电话：(010)57512575
http://www.sinopec-press.com
E-mail：press@sinopec.com
北京柏力行彩印有限公司印刷
全国各地新华书店经销
*
787×1092 毫米 16 开本 17.25 印张 434 千字
2022 年 7 月第 1 版 2022 年 7 月第 1 次印刷
定价：118.00 元

《液化天然气操作工职业技能鉴定试题集》编委会

前　言

近年来，随着能源消费结构的调整，液化天然气（LNG）以其独特的清洁优势备受青睐。作为产业链的重要一环，LNG 接收站建设也在我国得以迅速发展。在 LNG 接收站生产运行过程中，LNG 接收站技能操作工已逐步成为一个专业性较强的工种。

中国石化的 LNG 接收站建设始于天然气分公司青岛 LNG 接收站，经过多年建设与运营积累下的经验，已相继为多个项目的拟建设或布局提供帮助。

为适应 LNG 接收站建设运行发展需求，有针对性地做好 LNG 操作人员培训，不断提高 LNG 操作工的技能操作水平，在中国石化天然气分公司精心组织下，青岛液化天然气有限责任公司结合多年技能操作班组培训工作的经验，本着实用性、针对性、通用性原则，历时近两年时间，经过反复提炼修订，最终完成了本套丛书——液化天然气操作工职业技能鉴定试题集（初级、中级、高级、技师）的开发工作。

本套试题集的推出填补了中国石化 LNG 接收站操作工种技能鉴定题库的空白。书中理论知识题库和技能操作题库鉴定范围相对应，理论知识题库共 931 个鉴定点、近 6700 道题目，技能操作题库共 121 个鉴定点，每个鉴定点对应相应题目。题型及内容具有具体化、可量化、可检验、可考核的特点，更加符合培训、鉴定的实际需求，便于操作，适用性强。

本套试题集，由薛文河、王小尚、吴斌任主编，薛文河、鞠迅编写“职业道德基本知识”部分；薛文河、杨帆编写“天然气基础知识”

“液化天然气基础知识”部分；薛文河、陈国霞编写“化工工艺基础知识”“识绘图”“培训与指导”部分；韩荣鑫编写“机械基础知识”部分；王敏、康勃编写“电工基础知识”部分；杨春慧、刘培峰编写“仪表基础知识”部分；李相环编写“健康、安全、环保及公共安全基础知识”部分；伍建良、赵金睿编写“计量基础知识”部分；王杉、柳智编写“分析化验基础知识”部分；林剑彬编写“LNG船岸界面和国际贸易知识”部分；薛文河、徐静静编写“相关标准、法律、法规知识”部分；杨剑编写“计算机知识”部分；丁超编写“记录填写知识”“公用工程与辅助设施”部分；彭明、刘培峰编写“开车准备”“开车操作”部分；彭明编写“卸料、储存”“计算”“管理”部分；陈晨编写“槽车充装”部分；夏硕编写“高压气化外输”“BOG处理”部分；何冬林编写“轻烃回收”部分；丁超、韩荣鑫、陈晨编写“设备维护与保养”部分；夏硕、陈晨编写“事故判断”部分；彭明、陈晨编写“事故处理”部分。

参加审定的人员（以姓氏笔画为序）有于自然、马鸣、王华、王杉、王亮、王保庆、王剑琨、王晓红、孔祥逢、田新军、刘卫红、汲广胜、伍建良、吕静、陈力、张大伟、张林、杨书忠、陈民岗、吴仲昆、李志庭、李威、李磊、郑元杰、庞正宽、赵连成、胡超、徐志远、高晓芳、高菽蔓、高辉、焦长安、董顺、路江华、魏世军。

由于本题库初次面向读者，书中疏漏之处在所难免，请广大读者提出宝贵意见。

目　录

一、国家职业标准

职业功能	工作内容	技能要求	相关知识要求
1 工艺操作	1.1 开车准备	1. 能根据指令改通简单开车流程 2. 能使用开车所需工器具(验漏液、防爆扳手等) 3. 能使用氮气和仪表风、工厂风等介质 4. 能协助完成 LNG 储罐、LNG 管道及设备气密、置换、干燥等操作 5. 能根据指令完成干燥置换结果检测 6. 能投用液位计、压力表、流量计等(引压流程)	1. 装置工艺流程 2. 防爆扳手、验漏液等常用工具类型、用途 3. 氮气、仪表风、工厂风的物理、化学性质、指标 4. 氮气的危险特性 5. 装置气密、置换、干燥的作用 6. 干燥置换的检测指标及方法 7. 压力表、液位计、流量计等类型、结构及使用特点
	1.2 开车操作	1. 能投用低温泵氮气密封系统 2. 能投用压缩机冷却水系统 3. 能投用卸料臂、装车臂旋转接头氮气密封 4. 根据工艺需要开关阀门或调整阀门开度 5. 能根据工艺需要完成阀门锁定及挂牌 6. 能检查管托位移 7. 能调节自力式减压阀设定压力 8. 能识读火炬简图	1. 低温泵电缆、仪表缆氮封的作用 2. 压缩机冷却水系统流程、作用、操作方法 3. 卸料臂、装车臂旋转接头的结构、氮封原理及作用 4. 阀门的种类、结构 5. 阀门锁定、挂牌程序 6. 管托种类、用途 7. 管道、设备预冷的作用 8. 不锈钢管道低温特性 9. 自力式减压阀原理、压力调节方法 10. 火炬的类型、结构
	1.3 公用工程与辅助设施	1. 能识读螺杆式空气压缩机结构简图 2. 能识读微热再生干燥装置结构简图 3. 能识读 PSA 制氮装置结构简图 4. 能识读软化水装置结构简图 5. 能识读热水锅炉结构简图 6. 能识读旋转滤网结构简图 7. 能识读耙式清污机结构简图 8. 能识读电解制氯装置结构简图 9. 能完成制氯系统海水升压泵及过滤器启、停操作 10. 能识读海水消防泵结构简图 11. 能完成生产、生活等淡水泵启、停操作 12. 能操作消防稳压泵维持消防管网压力 13. 能完成水罐补水操作 14. 能识读液氮罐结构简图	1. 螺杆式空气压缩机的工作原理、结构 2. 微热再生干燥装置的工作原理、结构 3. PSA 制氮装置的工作原理、结构 4. 软化水装置的工作原理、结构 5. 热水锅炉的工作原理、结构 6. 旋转滤网的工作原理、结构 7. 耙式清污机的工作原理、结构 8. 电解制氯装置的工作原理、结构 9. 海水反冲洗过滤器工作原理 10. 海水消防泵的类型、工作原理、结构 11. 离心泵的工作原理、结构 12. 离心泵的操作方法及注意事项 13. 消防稳压泵控制逻辑 14. 液氮储罐及气化器的工作原理、作用

续表

职业功能	工作内容	技能要求	相关知识要求
1 工艺操作	1. 4 卸料、储存及槽车充装	1. 能完成卸料臂气密、置换操作 2. 能完成船岸通信连接 3. 能识读卸料臂结构简图 4. 能识读登船梯结构简图 5. 能识读罐内泵结构简图 6. 能利用地磅进行槽车装车计量 7. 能识读装车撬的工艺简图 8. 能识读 LNG 储罐及附属设备结构图 9. 能规范填写相关记录	1. 气密性检测、置换的目的和方法 2. 船岸通信类型、作用、使用方法 3. 卸料臂的工作原理、结构 4. 登船梯的工作原理、结构 5. 罐内泵、泵井、底阀的工作原理、结构 6. 地磅的工作原理、结构 7. 地磅的计量方法及注意事项 8. 装车撬结构、工作原理、工艺流程 9. 储罐类型、全容式 LNG 储罐结构、附属设施(接管、仪表等) 10. 检查核对现场压力、温度、液位、流量、阀位的方法、注意事项 11. 工艺操作记录的要求、注意事项
	1. 5 高压气化外输	1. 能识读高压泵结构简图及流程图(PID) 2. 能完成高压泵保冷循环投用操作 3. 能识读海水开架式气化器(ORV)结构简图及流程图(PID) 4. 能识读中间介质气化器(IFV)结构简图 5. 能识读浸没燃烧式气化器(SCV)结构简图 6. 能完成浸没燃烧式气化器(SCV)水浴池排水、补水操作 7. 能识读外输计量撬流程图(PID)	1. 高压泵结构、原理、性能、工艺流程 2. 高压泵保冷循环的作用及投用步骤 3. 海水开架式气化器(ORV)的工艺流程、工作原理、结构、性能 4. 中间介质气化器(IFV)的工作原理、结构、性能 5. 浸没燃烧式气化器(SCV)的工作原理、结构、性能 6. SCV 水浴池水质指标要求及排水、补水操作 7. 外输计量撬系统工艺流程、组成及工作原理
	1. 6 BOG 处理	1. 能识读 BOG 压缩机结构简图及流程图(PID) 2. 能识读火炬及火炬分液罐的结构简图及流程图(PID)(高空火炬和地面火炬) 3. 能建立 BOG 压缩机冷却水泵循环 4. 能建立 BOG 压缩机润滑油循环、切换过滤器 5. 能识读再冷凝器结构简图及流程图(PID) 6. 能识读减温器结构简图 7. 能识读 BOG 压缩机入口缓冲罐结构简图	1. BOG 压缩机工作原理、结构、工艺流程 2. 过滤器的类型、结构 3. 火炬及火炬分液罐的结构、工艺流程(高空火炬和地面火炬) 4. BOG 压缩机冷却水、润滑油系统作用、流程及运行参数 5. 再冷凝器工作原理、结构、工艺流程 6. 减温器工作原理、结构、作用 7. BOG 压缩机入口缓冲罐作用、结构、工作原理

续表

职业功能	工作内容	技能要求	相关知识要求
1 工艺操作	1. 7 轻烃回收	1. 能识读脱甲烷塔结构简图 2. 能识读脱乙烷塔架构简图 3. 能识读低温泵结构简图、工艺作用及简单操作 4. 能识读冷箱结构简图及工艺作用 5. 能识读低温阀门结构简图及工艺作用 6. 能识读重沸器结构简图及工艺作用 7. 能了解精馏分离原理 8. 能了解轻烃回收装置进料及产品组成及工艺流程 9. 能了解轻烃罐区设备及工艺作用 10. 能了解安全阀工作原理 11. 能投用升压泵零输出保冷循环	1. 脱甲烷塔类型、原理、结构、工艺流程 2. 脱乙烷塔类型、原理、结构、工艺流程 3. 低温泵结构、原理、性能、工艺作用 4. 冷箱结构、原理、性能、工艺作用 5. 低温阀门类型、工艺作用 6. 重沸器类型、结构、原理、工艺作用 7. 精馏原理 8. 轻烃回收装置进料组成、产品组成及工艺流程 9. 轻烃罐区主要设备、工艺流程 10. 安全阀类型、起跳原理及简单操作 11. 升压泵零输出保冷循环投用操作及注意事项
2 设备维护与保养	2. 1 设备维护与保养	1. 能识读设备、阀门铭牌 2. 能完成机、泵的盘车操作 3. 能完成设备、管线日常检修的监护工作 4. 能做好机泵、管线的防冻防凝工作 5. 能确认机泵检修的隔离和动火条件 6. 能检查机、泵的润滑油油位、油质 7. 能检查压力表、液位计是否异常 8. 能检查设备、管线及钢结构防腐情况 9. 能进行装车撬的日常维护及保养工作 10. 能完成设备外观检查和表面清洁工作 11. 能完成日常巡回检查 12. 能使用常用机械维修工具	1. 设备、阀门铭牌内容及要求 2. 盘车的作用、方法及注意事项 3. 监护的要求、注意事项 4. 防冻防凝工作常识及注意事项 5. 检维修作业隔离形式及要求 6. 用火作业要求及注意事项 7. 设备常用润滑油(脂)的规格、品种和使用规定 8. 判断压力表、液位计故障的方法 9. 两阀组、三阀组、五阀组的类型、结构、操作注意事项 10. 设备、管线腐蚀的原因、防腐注意事项 11. 设备外观检查项目及注意事项 12. 巡检制度、注意事项 13. 常用机械维修工器具规格型号、使用方法及注意事项
3 事故判断与处理	3. 1 事故判断	1. 能判断现场机泵、装车撬、法兰、丝堵泄漏等一般事故 2. 能根据 FGS 报警信号找到现场报警位置 3. 能判断过滤器滤芯堵塞或损坏故障 4. 能发现离心泵、压缩机、风机等异常声音、振动 5. 能判断设备控制盘指示灯故障 6. 能判断消音器失效、堵塞等故障 7. 能操作视频监视系统对生产现场进行监控 8. 能检查判断海水开架式气化器(ORV)海水分布、换热管结冰情况是否正常	1. 设备“跑、冒、滴、漏”现象的判断方法 2. 密封的种类和用途 3. 可燃气体检测仪、火焰检测仪类型、工作原理 4. 报警器报警指标及安装位置 5. 过滤器滤芯堵塞或损坏的现象及判断方法 6. 泵、压缩机等设备常见故障及处理方法 7. 海水分布要求，换热管结冰高度指标 8. 控制盘指示灯的作用、常见故障 9. 消音器的工作原理、结构 10. 视频监视系统操作方法及注意事项

续表

职业功能	工作内容	技能要求	相关知识要求
3 事故判断与处理	3. 2 事故处理	1. 能使用便携式可燃气体检测仪 2. 能报火警、打急救电话 3. 能处理简单的跑、冒、滴、漏事故 4. 能处理普通的离心泵抽空、泄漏事故 5. 能使用移动式干粉、二氧化碳灭火器扑灭初起火灾 6. 能使用消防水炮、消防干粉炮进行灭火 7. 能使用气防器材进行急救和自救 8. 能使用气溶胶自动灭火系统扑灭火灾 9. 能完成现场警戒 10. 能识别逃生标识，协助现场疏散 11. 能使用救生圈、救生衣 12. 能完成集液池泡沫系统检查 13. 能完成集液池、事故水池排水操作	1. 便携式可燃气体检测仪类型、作用、使用方法 2. 报火警、打急救电话的注意事项 3. LNG、BOG 的危害识别 4. 一般跑、冒、滴、漏事故的处理方法及注意事项 5. 离心泵常见故障及处理方法 6. 移动式干粉灭火器工作原理、使用方法 7. 二氧化碳灭火器工作原理、使用方法 8. 消防水炮、消防干粉炮工作原理、操作步骤 9. 气防器材类型、使用方法 10. 气溶胶自动灭火系统工作原理、使用方法 11. 现场警戒注意事项 12. 逃生标识常识 13. 救生圈、救生衣使用方法、注意事项 14. 集液池作用、泡沫系统作用 15. 自吸泵原理及操作方法 16. 集液池及事故水池排水注意事项
4 绘图与计算	4. 1 识绘图	1. 能绘制装置原则流程图 2. 能识读装置平面布置图	1. 工艺流程图识图、绘图方法 2. 装置工艺设计原则、特点 3. 平面布置图识图方法
	4. 2 计算	1. 能完成常用参量单位的换算 2. 流体的流量与流速换算 3. 能根据卸货计划计算储罐液位	1. 常用单位换算方法 2. 流体流量、流速的计算方法 3. 体积、面积、液位计算方法

二、理论知识鉴定要素细目表

职业：天然气处理工　　工种：液化天然气操作工　　等级：初级　　鉴定方式：知识　　鉴定点总数：285

鉴定范围（篇）	代码	比重	鉴定范围（章）	代码	比重	鉴定范围（节）	代码	比重	序号	鉴定点（考核点）	重要程度
基本要求	A	20	职业道德	A	2	职业道德基本知识	A	2	001	职业道德的基本内涵	Z
									002	社会主义市场经济对职业道德的正面影响	X
									003	企业文化的功能	X
									004	职业道德对增强企业凝聚力、竞争力的作用	X
									005	职业道德是人生事业成功的保证	X
									006	文明礼貌的具体要求	X
									007	爱岗敬业的具体要求	X
									008	对诚实守信基本内涵的理解	X
									009	办事公道的具体要求	X
									010	勤劳节约的现代意义	X
									011	企业员工遵纪守法的要求	X
									012	团结互助的基本要求	X
									013	创新的基本要求	Y
			基础知识	B	18	天然气基础知识	A	1	001	天然气的定义	Y
									002	天然气的分类	X
									003	天然气的化学组分	X
									004	天然气的物理性质	X
						液化天然气基础知识	B	1	001	液化天然气的定义	Y
									002	液化天然气的组分	X
									003	液化天然气的物理特性	X
									004	液化天然气的化学特性	X

续表

鉴定范围（篇）	代码	比重	鉴定范围（章）	代码	比重	鉴定范围（节）	代码	比重	序号	鉴定点（考核点）	重要程度
基本要求	A	20	基础知识	B	18	化工工艺基础知识	C	3	001	流体压强的概念	X
									002	流体温度的概念	X
									003	流体流量的概念	X
									004	流体密度的概念	X
									005	容积的概念	Y
									006	传热学基本概念	X
									007	蒸发的概念	X
									008	冷凝的概念	X
						机械基础知识	D	2	001	常见泵的种类	X
									002	离心泵的工作原理	X
									003	离心泵的主要性能参数	X
									004	常见压缩机的种类	X
									005	换热器的种类	X
									006	安全附件的种类	X
									007	常用安全附件的作用	X
									008	常用管道组成件的种类	X
									009	常用阀门的种类	X
									010	自力式减压阀的原理	X
									011	常用法兰的类型	X
									012	垫片的种类	X
									013	螺栓的种类	X
									014	常见管路连接方法	X
									015	密封的概念	Y
									016	润滑的概念	Y
									017	常用润滑剂的种类	X
									018	静设备常见失效形式	Y
									019	常见金属材料的种类	Z
						电工基础知识	E	2	001	电流的形成	X
									002	直流电的概念	Z
									003	交流电的概念	X
									004	电阻的概念	Y
									005	电压的基本常识	X
									006	串、并联电路的概念	Z

续表

鉴定范围（篇）	代码	比重	鉴定范围（章）	代码	比重	鉴定范围（节）	代码	比重	序号	鉴定点（考核点）	重要程度
基本要求	A	20	基础知识	B	18	电工基础知识	E	2	007	防触电知识	X
									008	常用照明的种类	Y
									009	装置电器设备灭火知识	X
						仪表基础知识	F	2	001	仪器仪表防爆知识	Z
									002	简单调节系统的组成	X
									003	温度测量仪表的分类	X
									004	常用热电偶的类型	X
									005	常用热电阻的类型	X
									006	压力测量仪表的分类	X
									007	压力表的选择	X
									008	弹簧管式压力表的使用	X
									009	流量测量仪表的分类	X
									010	差压流量计的特点	X
									011	转子流量计的特点	X
									012	液位测量仪表的分类	X
									013	雷达液位计的特点	X
									014	超声波液位计的特点	X
									015	常用控制阀门的分类	X
									016	阀门的选择	X
									017	在线分析仪表的组成	X
									018	自动控制系统的分类	X
									019	控制系统常用术语	Y
						健康、安全、环保及公共安全基础知识	G	1	001	劳动保护及劳保用品	Y
									002	安全技术规程	X
									003	直接作业基本知识	X
									004	防火、防爆基本知识	Y
									005	灭火方法及消防器材使用	Y
									006	安全标志、安全色	X
									007	有害因素	X
									008	安全生产法规基本知识	Y
									009	事故的预防	X
									010	应急预案知识	X

续表

鉴定范围（篇）	代码	比重	鉴定范围（章）	代码	比重	鉴定范围（节）	代码	比重	序号	鉴定点（考核点）	重要程度
基本要求	A	20	基础知识	B	18	计量基础知识	H	1	001	通用计量术语	Z
									002	常用计量单位及换算	X
									003	计量误差的定义、分类及表示方法	X
									004	标准参比条件	Z
						分析化验基础知识	I	1	001	露点仪的使用	Y
									002	测爆仪的使用	X
									003	测氧测爆仪的使用	X
									004	有效数字修约	Z
									005	LNG 取样要求	X
									006	锅炉水、污水等各项控制指标	Y
									007	气体摩尔体积的定义和计算方法	Y
						LNG 船岸界面和国际贸易知识	J	1	001	LNG 码头接卸设施功能	X
									002	LNG 码头类型	Y
									003	LNG 船舶类型	Y
									004	LNG 船舶靠泊作业	X
									005	LNG 船舶系泊作业	X
									006	LNG 船舶装卸作业流程	X
									007	LNG 国际贸易链	Z
						相关标准、法律、法规知识	K	1	001	液化天然气设施干燥置换	X
									002	液化天然气设施预冷	X
									003	液化天然气接收站试运投产	X
									004	液化天然气接收站运行规程	X
									005	综合能耗计算	X
									006	特种设备的基本概念	Y
									007	特种设备的范围规定	X
									008	劳动者的权利和义务	X
									009	安全生产法规基础知识	X

续表

鉴定范围（篇）	代码	比重	鉴定范围（章）	代码	比重	鉴定范围（节）	代码	比重	序号	鉴定点（考核点）	重要程度
基本要求	A	20	基础知识	B	18	计算机知识	L	1	001	计算机基本概念	Y
									002	计算机硬件系统	X
									003	计算机软件系统	X
									004	Windows 基本操作	X
									005	文件操作命令	Y
									006	文件及文件夹操作知识	Y
									007	电脑病毒的预防	Y
									008	信息网络基础	Z
						记录填写知识	M	1	001	运行记录的种类	X
相关知识要求	B	80	工艺操作	A	40	开车准备	A	5	001	LNG 接收站工艺特点	X
									002	常用开车工具的用途	Y
									003	氮气的物理化学性质	X
									004	氮气的指标	X
									005	仪表风的指标	X
									006	干燥、置换的作用	X
									007	干燥、置换的指标	X
									008	气密的作用	Y
									009	氧含量检测仪的使用方法	X
									010	露点检测仪的使用方法	X
									011	测量仪表的投用要点	X
						开车操作	B	5	001	低温泵电缆、仪表缆接线箱氮封作用	X
									002	卸料臂、装车臂旋转接头知识	Y
									003	卸料臂旋转接头氮封作用	X
									004	管道、设备预冷的作用	X
									005	截止阀在低温流程中的作用	X
									006	低温蝶阀的特点	Y
									007	阀门操作注意事项	X

续表

鉴定范围（篇）	代码	比重	鉴定范围（章）	代码	比重	鉴定范围（节）	代码	比重	序号	鉴定点（考核点）	重要程度
相关知识要求	B	80	工艺操作	A	40	开车操作	B	5	008	低温管托类型	X
									009	不锈钢低温特性	Y
									010	阀门锁定的作用	X
									011	火炬的类型	Y
						公用工程与辅助设施	C	5	001	仪表风系统的作用	X
									002	螺杆式空气压缩机的工作原理	X
									003	微热再生干燥装置工作原理	X
									004	PSA 制氮装置的工作原理	X
									005	软化水装置的工作原理	X
									006	热水锅炉的工作原理	X
									007	旋转滤网的工作原理	X
									008	耙式清污机的工作原理	X
									009	电解制氯装置的工作原理	X
									010	海水反冲洗过滤器工作原理	X
									011	柴油海水消防泵的工作原理	X
									012	离心泵的操作方法	X
									013	消防稳压泵控制逻辑	X
									014	水罐的结构	X
									015	液氮储罐的结构	X
									016	空浴式气化器的工作原理	X
						卸料、储存及槽车充装	D	10	001	卸料臂气密、置换操作要点	X
									002	船岸通信的类型	Y
									003	船岸通信的作用	X
									004	卸料臂的工作原理	X
									005	登船梯的工作原理	X
									006	罐内泵的结构	X
									007	泵井底阀的工作原理	X
									008	地衡的基本原理	Y

续表

鉴定范围（篇）	代码	比重	鉴定范围（章）	代码	比重	鉴定范围（节）	代码	比重	序号	鉴定点（考核点）	重要程度
相关知识要求	B	80	工艺操作	A	40	卸料、储存及槽车充装	D	10	009	地衡计量操作的注意事项	X
									010	装车撬的作用	Z
									011	装车撬的结构、原理	X
									012	装车臂的结构、原理	X
									013	装车撬的工艺流程	X
									014	装车臂的工艺流程	X
									015	装车撬的巡回检查具体要求	X
									016	装车撬工艺参数	X
									017	LNG 储罐的类型	Y
									018	全容式 LNG 储罐的结构	X
									019	全容式 LNG 储罐主要的附属设施	X
									020	储罐仪表监测系统的组成	X
						高压汽化外输	E	5	001	高压外输泵的组成	X
									002	高压外输泵的工作原理	X
									003	高压外输泵电缆的密封	Y
									004	液化天然气气化器的种类	X
									005	开架式海水气化器的工作原理	X
									006	浸没燃烧式气化器的工作原理	X
									007	中间介质气化器的工作原理	X
									008	开架式海水气化器的结构	X
									009	浸没燃烧式气化器的结构	X
									010	中介介质气化器的结构	X
									011	SCV 水浴池水质要求	X
									012	外输计量撬的组成	Y
									013	发球筒的结构	Z
						BOG 处理	F	5	001	再冷凝器的结构与原理	X
									002	再冷凝器填料的工作特点	Y
									003	再冷凝器在接收站的作用	X

续表

鉴定范围(篇)	代码	比重	鉴定范围(章)	代码	比重	鉴定范围(节)	代码	比重	序号	鉴定点(考核点)	重要程度
相关知识要求	B	80	工艺操作	A	40	BOG 处理	F	5	004	减温器工作原理	X
									005	BOG 压缩机的工作原理	X
									006	BOG 压缩机的结构	X
									007	BOG 压缩机冷却水系统的工作原理	X
									008	BOG 压缩机润滑油系统的工作原理	X
									009	BOG 压缩机入口分液罐的作用	X
									010	润滑油过滤器的结构	Y
									011	燃料气在 LNG 接收站的用途	X
									012	燃料气加热器的工作原理	X
									013	高空火炬的结构	X
									014	地面火炬的结构	Y
									015	火炬分液罐结构	Z
						轻烃回收	G	5	001	脱甲烷塔、脱乙烷塔的工作原理	X
									002	脱甲烷塔的结构、作用	X
									003	脱乙烷塔的结构、作用	X
									004	升压泵的工作原理	X
									005	升压泵的结构、作用	X
									006	冷箱的工作原理	Y
									007	冷箱的结构、作用	X
									008	重沸器的工作原理	X
									009	重沸器的结构、作用	X
									010	轻烃球罐的结构、作用	Y
									011	取样操作方法、注意事项	Z
			设备维护与保养	B	10	设备维护与保养	A	10	001	设备铭牌内容	X
									002	阀门铭牌内容	X
									003	盘车的作用	X
									004	盘车的方法	Y
									005	受限空间作业监护要求	Y

续表

鉴定范围（篇）	代码	比重	鉴定范围（章）	代码	比重	鉴定范围（节）	代码	比重	序号	鉴定点（考核点）	重要程度
相关知识要求	B	80	设备维护与保养	B	10	设备维护与保养	A	10	006	盲板抽堵作业监护要求	X
									007	动火作业监护要求	Y
									008	防冻防凝工作常识	Y
									009	检维修作业隔离形式及要求	Z
									010	红外测温仪的使用	Y
									011	设备常用润滑油（脂）的使用规定	X
									012	判断压力表故障的方法	X
									013	判断液位计故障的方法	Y
									014	阀门填料的类型	X
									015	常见的腐蚀形式	X
									016	装车撬日常维保要求	X
			事故判断与处理	C	20	事故判断	A	10	001	设备“跑、冒、滴、漏”判断方法	X
									002	垫片知识	Y
									003	密封知识	Z
									004	可燃气体检测仪的类型及工作原理	X
									005	火焰检测仪的类型及工作原理	Y
									006	可燃气体检测仪报警指标及安装要求	X
									007	火焰检测仪报警指标及安装要求	X
									008	过滤器故障的现象	X
									009	离心泵常见故障的现象	X
									010	自吸泵工作原理	Y
									011	自吸泵故障现象	X
									012	低温离心泵振动检测系统的作用	X
									013	往复式压缩机运行常见故障的现象	X

续表

鉴定范围（篇）	代码	比重	鉴定范围（章）	代码	比重	鉴定范围（节）	代码	比重	序号	鉴定点（考核点）	重要程度
相关知识要求	B	80	事故判断与处理	C	20	事故判断	A	10	014	消音器工作原理	Y
									015	消音器常见故障的现象	X
									016	视频监控系统作用	X
						事故处理	B	10	001	便携式可燃气体检测仪的类型	Z
									002	便携式可燃气体检测仪的工作原理	Y
									003	便携式可燃气体检测仪使用注意事项	X
									004	报火警的注意事项	X
									005	打急救电话的注意事项	X
									006	LNG 的危害因素	X
									007	BOG 的危害因素	X
									008	水管线泄漏的处理要点	Y
									009	仪表风、氮气泄漏的处理要点	X
									010	LNG/BOG 泄漏的处理要点	X
									011	LNG 泄漏的特点	X
									012	过滤器故障处理方法	X
									013	移动式干粉灭火器的工作原理	Y
									014	移动式干粉灭火器的使用方法	X
									015	二氧化碳灭火器的工作原理	Y
									016	二氧化碳灭火器的使用方法	X
									017	消防水炮的使用方法	X
									018	消防干粉炮的工作原理	Y
									019	空气呼吸器的使用方法	X
									020	气溶胶自动灭火系统的工作原理	Y

续表

鉴定范围（篇）	代码	比重	鉴定范围（章）	代码	比重	鉴定范围（节）	代码	比重	序号	鉴定点（考核点）	重要程度
相关知识要求	B	80	事故判断与处理	C	20	事故处理	B	10	021	逃生标识常识	X
									022	救生圈、救生衣使用方法	X
									023	集液池的作用	X
									024	泡沫系统的作用	X
									025	集液池收集系统操作规程	X
									026	自吸泵的原理	Y
									027	集液池、事故水池排水注意事项	Y
			绘图与计算	D	10	识绘图	A	5	001	工艺流程图管线的表示方法	X
									002	工艺流程图管件的表示方法	X
									003	工艺流程图阀门的表示方法	X
									004	工艺流程图的识图方法	X
						计算	B	5	001	真空度、表压、绝对压力关系换算	Y
									002	流量、流速换算	X
									003	LNG 的质量、体积、液位间换算	X

三、理论知识试题

单选题

1. 职业道德是指从事一定职业劳动的人们，在长期的职业活动中形成的(　　)。

A. 行为规范　　B. 操作程序　　C. 劳动技能　　D. 思维习惯

答案：A

2. 在下列选项中属于职业道德范畴的是(　　)。

A. 企业经营的业绩　　B. 企业发展的战略

C. 员工的技术水平　　D. 员工的内心信念

答案：D

3. 职业道德是一种(　　)的约束机制。

A. 强制性　　B. 非强制性　　C. 随意性　　D. 自发性

答案：B

4. 在市场经济条件下，职业道德具有(　　)的社会功能。

A. 鼓励人们自由地选择职业　　B. 遏制牟利最大化

C. 促进人们的行为规范化　　D. 最大限度地克服人们受利益驱动

答案：C

5. 在市场经济条件下，(　　)是职业道德社会功能的重要表现。

A. 克服利益导向　　B. 遏制牟利最大化

C. 增强决策科学化　　D. 促进员工行为的规范化

答案：D

6. 市场经济条件下，职业道德最终将起到(　　)的作用。

A. 促进企业决策科学化　　B. 提高企业竞争力

C. 决定企业经济效益　　D. 决定企业前途与命运

答案：B

7. 在企业的生产经营活动中，(　　)不是职业道德所具有的功能。

A. 激励作用　　B. 决策能力　　C. 规范行为　　D. 遵纪守法

答案：B

8. 企业文化所具有的功能不包括(　　)。

A. 激励功能　　B. 导向功能　　C. 整合功能　　D. 娱乐功能

答案：D

9. 在下列选项中属于企业文化所具有的功能是(　　)。

A. 锻炼功能　　B. 整合功能　　C. 娱乐功能　　D. 社交功能

答案：B

10. 在下列选项中属于企业文化所具有的功能是(　　)。

A. 整合功能　　B. 技术培训功能　　C. 科研功能　　D. 社交功能

答案：A

11. 为了促进企业的规范化发展，需要发挥企业文化的(　　)功能。

A. 娱乐　　B. 主导　　C. 决策　　D. 自律

答案：D

12. 职业道德最终将起到(　　)的作用。

A. 决定企业经济效益　　B. 促进企业决策科学化

C. 增强企业竞争力　　D. 树立企业员工守业意识

答案：C

13. 职业道德起到(　　)的作用。

A. 增强企业员工独立意识　　B. 模糊企业上级与员工之间关系

C. 促使企业员工循规蹈矩做事情　　D. 增强企业凝聚力

答案：D

14. 在下列选项中属于职业道德所具有的作用是(　　)。

A. 增强企业的凝聚力　　B. 增强企业的离心力

C. 决定企业的经济效益　　D. 增强企业员工的独立性

答案：A

15. 职业道德通过(　　)，起着增强企业凝聚力的作用。

A. 协调员工之间的关系　　B. 增加职工福利

C. 为员工创造发展空间　　D. 调节企业与社会的关系

答案：A

16. 职业道德是人的事业成功的(　　)。

A. 重要保证　　B. 最终结果　　C. 先决条件　　D. 显著标志

答案：A

17. 下列选项中，关于职业道德与人的事业成功的关系的正确论述是(　　)。

A. 职业道德是人事业成功的重要条件

B. 职业道德水平高的人肯定能够取得事业的成功

C. 缺乏职业道德的人更容易获得事业的成功

D. 人的事业成功与否与职业道德无关

答案：A

18. 职业道德与人生事业之间的关系是(　　)。

A. 具有职业道德的人一定能够获得事业的成功

B. 没有职业道德的人不会获得事业的成功

C. 获得事业成功的人往往具有较高的职业道德

D. 缺乏职业道德的人往往更容易获得事业的成功

答案：C

19. 正确阐述职业道德与人生事业之间关系的选项是(　　)。

A. 没有职业道德的人不会获得事业的成功

B. 获得事业成功的前提条件是要具有职业道德

C. 获得事业成功的人往往并不需要较高的职业道德

D. 具有职业道德是获得事业成功的重要条件

答案：D

20. 在职业交往活动中，符合仪表端庄具体要求的是(　　)。

A. 着装华贵　　B. 适当化妆或戴饰品

C. 饰品俏丽　　D. 发型要突出个性

答案：B

21. 在下列说法中，不符合语言规范的具体要求是(　　)。

A. 语感自然，不呆板　　B. 用尊称，不用忌语

C. 语速适中，不快不慢　　D. 多使用幽默语言，调节气氛

答案：D

22. 在商业活动中，不符合待人热情要求的是(　　)。

A. 严肃待客，表情冷漠　　B. 主动服务，细致周到

C. 微笑大方，不厌其烦　　D. 亲切友好，宾至如归

答案：A

23. 爱岗敬业作为职业道德的重要内容，是指员工(　　)。

A. 热爱自己喜欢的岗位　　B. 热爱有钱的岗位

C. 强化职业责任　　D. 不应多转行

答案：C

24. 在市场经济条件下，不符合爱岗敬业要求的是(　　)的观念。

A. 树立职业理想　　B. 强化职业责任

C. 干一行、爱一行、专一行　　D. 多转行多受锻炼

答案：D

25. 爱岗敬业的具体要求是(　　)。

A. 根据效益来决定是否爱岗　　B. 转变择业观念

C. 提高职业技能　　D. 增强把握择业的机遇意识

答案：C

26. 对待职业和岗位，(　　)并不是爱岗敬业所要求的。

A. 树立职业理想　　B. 干一行、爱一行、专一行

C. 遵守企业的规章制度　　D. 一职定终身，不改行

答案：D

27. 在市场经济条件下，(　　)不违反职业道德规范中关于诚实守信的要求。

A. 通过诚实合法劳动来实现利益最大化
B. 打进对手内部，增强竞争优势
C. 根据服务对象来决定是否遵守承诺
D. 凡是有利于增大企业利益的行为就做
答案：A
28. 关于诚实守信的认识和判断中，下列正确的选项是(　　)。
A. 一贯地诚实守信是一种不明智的行为
B. 诚实守信是维持市场经济秩序的基本法则
C. 是否诚实守信要视具体对象而定
D. 追求利益最大化原则高于诚实守信的原则
答案：B
29. 职工对企业诚实守信应该做到的是(　　)。
A. 效忠所属企业，无论在何种情况下，都始终把企业利益放在第一位
B. 维护企业信誉，树立质量意识和服务意识
C. 扩大企业影响，多对外谈论企业之事
D. 完成本职工作即可，企业未来的发展由有见识的人来谋划
答案：B
30. (　　)是企业诚实守信的内在要求。
A. 维护企业信誉　　B. 增加职工福利
C. 注重经济效益　　D. 开展员工培训
答案：A
31. 要做到办事公道，则在处理公私关系时就要做到(　　)。
A. 公私不分　　B. 假公济私　　C. 公平公正　　D. 先公后私
答案：C
32. 办事公道是指从业人员在进行职业活动时要做到(　　)。
A. 追求真理，坚持原则　　B. 有求必应，助人为乐
C. 公私不分，一切平等　　D. 知人善任，提拔知己
答案：A
33. 要坚持办事公道，就要努力做到(　　)。
A. 公私不分　　B. 有求必应　　C. 公正公平　　D. 全面公开
答案：C
34. 在下列事项中属于办事公道的是(　　)。
A. 顾全大局，一切服从上级　　B. 大公无私，拒绝亲戚求助
C. 知人善任，努力培养知己　　D. 坚持原则，不计个人得失
答案：D
35.《中华人民共和国劳动法》规定，劳动者应当完成(　　)，提高(　　)，执行劳动安全卫生规程，遵守劳动纪律和(　　)。
A. 劳动任务　职业技能　职业道德　　B. 任务　效率　职业道德

C. 任务　工作水平　劳动合同　　D. 劳动任务　思想修养　工作分工

答案：A

36. 2020 年 11 月 24 日，在全国劳动模范和先进工作者表彰大会上的重要讲话中，总书记精辟阐释了三种精神的科学内涵，分别是“爱岗敬业、争创一流、艰苦奋斗、勇于创新、淡泊名利、甘于奉献的(　　)精神”，“崇尚劳动、热爱劳动、辛勤劳动、诚实劳动的(　　)精神”，“执着专注、精益求精、一丝不苟、追求卓越的(　　)精神”，强调它们“是以爱国主义为核心的民族精神和以改革创新为核心的时代精神的生动体现，是鼓舞全党全国各族人民风雨无阻、勇敢前进的强大精神动力”。

A. 劳动精神　工匠精神　劳模精神　　B. 劳模精神　劳动精神　工匠精神

C. 劳模精神　工匠精神　劳动精神　　D. 工匠精神　劳模精神　劳动精神

答案：B

37. 关于勤劳节俭的论述中，下列正确的选项是(　　)。

A. 勤劳一定能使人致富　　B. 勤劳节俭有利于企业持续发展

C. 新时代需要巧干，不需要勤劳　　D. 新时代需要创造，不需要节俭

答案：B

38. 勤劳节俭的现代意义在于(　　)。

A. 勤劳节俭是促进经济和社会发展的重要手段

B. 勤劳是现代市场经济需要的，而节俭则不宜提倡

C. 节俭阻碍消费，因而会阻碍市场经济的发展

D. 勤劳节俭只有利于节省资源，但与提高生产效率无关

答案：A

39. 职业纪律是企业的行为规范，职业纪律具有(　　)的特点。

A. 明确的规定性　　B. 高度的强制性　　C. 通用性　　D. 自愿性

答案：A

40. 当企业员工违反职业纪律，企业(　　)。

A. 不能给予罚款处罚　　B. 员工受劳动合同保护，不能给予处分

C. 应视情节轻重，给予恰当处分　　D. 警告的效果往往不大

答案：C

41. 职业纪律是指从事这一职业的员工应该共同遵守的行为准则，它包括的内容有(　　)。

A. 交往规则　　B. 操作程序　　C. 群众观念　　D. 外事纪律

答案：D

42. 在企业的生产经营活动中，要求员工遵纪守法的是(　　)。

A. 约束人的体现　　B. 为了保证经济活动正常进行所决定的

C. 领导者人为的规定　　D. 追求利益的体现

答案：B

43. 在企业的生产经营活动中，(　　)不符合平等尊重的要求。

A. 根据员工的技术专长进行分工

B. 对待不同的服务对象采取一视同仁的服务态度
C. 师徒之间要平等和互相尊重
D. 取消员工之间的一切差别
答案：D
44. 在日常接待工作中，对待不同服务对象，服务态度都应真诚热情，(　　)。
A. 尊卑有别　　B. 女士优先　　C. 一视同仁　　D. 外宾优先
答案：C
45. 在企业的生产经营活动中，不符合平等尊重要求的是(　　)。
A. 真诚相待，一视同仁　　B. 互相借鉴，取长补短
C. 男女有序，尊卑有别　　D. 男女平等，友爱亲善
答案：C
46. 企业生产经营活动中，促进员工之间平等尊重的措施是(　　)。
A. 互利互惠，平均分配　　B. 加强交流，平等对话
C. 只要合作，不要竞争　　D. 人心叵测，谨慎行事
答案：B
47. 关于创新的论述，下列正确的选项是(　　)。
A. 创新就是出新花样　　B. 创新就是独立自主
C. 创新是促进企业进步的灵魂　　D. 创新不需要引进外国的新技术
答案：C
48. 关于创新的论述，不正确的选项是(　　)。
A. 创新需要“标新立异”　　B. 服务也需要创新
C. 创新是促进企业进步的灵魂　　D. 引进别人的新技术不算创新
答案：D
49. 关于创新的论述中，下列正确的选项是(　　)。
A. 不墨守成规，但也不可以标新立异
B. 企业经不起折腾，大胆地闯早晚会出问题
C. 创新是企业发展的动力
D. 创新需要灵感，但不需要情感
答案：C
50. 企业创新要求员工努力做到(　　)。
A. 不能墨守成规，但也不能标新立异
B. 大胆地破除现有的结论，自创理论体系
C. 大胆地试大胆地闯，敢于提出新问题
D. 激发人的灵感，遏制冲动和情感
答案：C
51. 从广义的定义来说，天然气是指自然界中天然存在的一切气体，包括(　　)、水圈和岩石圈中各种自然过程形成的气体。
A. 大气圈　　B. 生物圈　　C. 油气圈　　D. 矿层圈
答案：A

52. 每标准立方米的天然气中 C_5 以上重烃液体含量超过 13.5cm^3 的天然气称为(　　)。
A. 干气　　B. 湿气　　C. 贫气　　D. 富气
答案：B
53. 根据天然气的定义，天然气是(　　)。
A. 不可燃烧气体混合物　　B. 液体混合物
C. 甲烷　　D. 烃类气体和杂质的混合物
答案：D
54. 天然气的成因，有机学说认为，在还原环境中，有机质在温度、压力、细菌、(　　)等作用下，慢慢转化成了油和气。
A. H_2O　　B. O_2　　C. CO_2　　D. 催化剂
答案：D
55. 按照天然气组分含硫情况，气藏可分为不含硫气藏和(　　)气藏。
A. 高含硫　　B. 低含硫　　C. 微含硫　　D. 含硫
答案：D
56. 根据天然气中重烃(C_5 以上)的含量的多少将天然气分为(　　)。
A. 酸气和洁气　　B. 干气和湿气
C. 气田气和石油伴生气　　D. 气田气和凝析气
答案：B
57. 湿气是指天然气中重烃(C_5 以上)含量高于或等于(　　)。
A. 5%　　B. 10%　　C. 15%　　D. 20%
答案：A
58. 酸气是指天然气中含硫化氢和二氧化碳气体超过(　　)。
A. 30mg/m^3　　B. 20mg/m^3　　C. 60mg/m^3　　D. 1000mg/m^3
答案：B
59. 天然气的组分分析，在实验室通常采用的仪器是(　　)。
A. 气相色谱分析仪　　B. 硫元素分析仪
C. 可燃气体分析仪　　D. 氧含量分析仪
答案：A
60. 常温、常压下，不属于天然气主要成分的是(　　)。
A. 甲烷　　B. 乙烷　　C. 丙烷　　D. 二氧化碳
答案：D
61. 与天然气爆炸极限无关的是(　　)。
A. 自身化学组分　　B. 自身黏度　　C. 外界温度　　D. 外界压力
答案：B
62. 当天然气在空气中的含量高于爆炸上限时，天然气在空气中(　　)。
A. 既不会爆炸也不会燃烧　　B. 不会爆炸只能燃烧
C. 会爆炸不能燃烧　　D. 会爆炸也会燃烧
答案：B

63. 天然气发热量高，其热值约为(   )。

A. 33.44～39.87MJ/m^3　　B. 33.44～39.87GJ/m^3

C. 33.44～39.87kJ/m^3　　D. 33.44～39.87J/m^3

答案：A

64. 天然气在(   )下所处的状态称为标准状态，其体积用标方来表示。

A. 20℃，101.325kPa　　B. 0℃，101.325kPa

C. 15℃，101.325kPa　　D. 0℃，107.325kPa

答案：B

65. 天然气相对密度定义为在标准状态下，天然气密度与(   )密度的比值。

A. 空气　　B. 氢气　　C. 氮气　　D. 氦气

答案：A

66. 天然气加臭标准为达到爆炸下限浓度的(   )。

A. 10%　　B. 15%　　C. 35%　　D. 20%

答案：D

67. 大气压下，氮气的沸点是(   )。

A. 67.35K　　B. 77.35K　　C. 87.35K　　D. 97.35K

答案：B

68. LNG 是(   )的缩写。

A. Liquefied NG Gas　　B. Lique fied Natural Gas

C. Liteer Natural Gas　　D. Liquified Night Gas

答案：B

69. LNG 是指（   ）。

A. 甲烷　　B. 天然气　　C. 液化天然气　　D. 丙烷

答案：C

70. 液化后的天然气其体积大大减少，在 0℃、1 个大气压时约为天然气体积的（   ）。

A. 1/300　　B. 1/400　　C. 1/500　　D. 1/600

答案：D

70. LNG 的闪蒸气称为(   )。

A. BOG　　B. EAG　　C. CNG　　D. LPG

答案：A

72. 液化天然气的主要成分是(   )。

A. 甲烷　　B. 乙烷　　C. 丙烷　　D. 丁烷

答案：A

73. 液化天然气组分中不含有(   )。

A. 乙烷　　B. 氮气　　C. 丙烷　　D. 二氧化硫

答案：D

74. LNG 的沸腾温度取决于其组分，在标准大气压下通常在(   )之间。

A. －166～－150℃　　B. －160～－150℃

C. $-166\sim-157$℃　　D. $-163\sim-155$℃

答案：C

75. LNG 的沸腾温度随蒸汽压力的变化梯度约为(　　)。

A. 1.25×10^{-3}℃/Pa　　B. 1.25×10^{-4}℃/Pa

C. 1.25×10^{-5}℃/Pa　　D. 1.25×10^{-6}℃/Pa

答案：B

76. 甲烷的临界温度约为(　　)。

A. -62℃　　B. -82℃　　C. -142℃　　D. -162℃

答案：B

77. 在标准条件下，液化天然气蒸发气的密度约为空气密度的(　　)倍。

A. 1　　B. 1.5　　C. 0.6　　D. 0.1

答案：C

78. 液化天然气的热导率随温度升高而(　　)。

A. 不变　　B. 减少　　C. 增加　　D. 先增加后减少

答案：B

79. 纯物质在临界温度 T_c 下能液化的最低压力称为(　　)。

A. 绝对压力　　B. 对比压力　　C. 临界压力　　D. 临界最小压力

答案：C

80. LNG 的密度主要取决于(　　)。

A. 温度　　B. 压力　　C. 组分　　D. 黏度

答案：C

81. 液化天然气的体积约为同量气态天然气体积的(　　)。

A. 1/600　　B. 1/480　　C. 1/800　　D. 1/680

答案：A

82. 液化天然气在常温常压下是(　　)。

A. 液态　　B. 气态　　C. 混合态　　D. 固态

答案：B

83. 将液化天然气从气态转变成液态，容易实现的条件是(　　)情况下。

A. 低温高压　　B. 常温常压　　C. 常温低压　　D. 低温低压

答案：A

84. 相同气相体积的天然气的热值是液化石油气的(　　)。

A. 1/2　　B. 1/3　　C. 1/4　　D. 1/5

答案：B

85. 每立方米天然气燃烧热值为(　　)。

A. 6000～7000 大卡　　B. 3000～4500 大卡

C. 6500～8100 大卡　　D. 8000～8500 大卡

答案：D

86. 一般规定，在两种燃气互换时，华白指数的允许变化不大于(　　)。

A. ±5%~ ±10%　　B. ±5%~ ±15%

C. ±10%~ ±15%　　D. ±10%~ ±20%

答案：A

87. LNG 的爆炸范围为(　　)。

A. 10%~25%　　B. 5%~20%　　C. 5%~15%　　D. 5%~10%

答案：C

88. 在国际单位制中，压强的单位是(　　)。

A. kg/cm^2　　B. J/m^2　　C. N/m^2　　D. kgf/cm^2

答案：C

89. 有关绝压、表压和大气压关系的表述正确的是(　　)。

A. $P_{绝} = P_{表} + P_a$　　B. $P_{表} = P_{绝} + P_a$

C. $P_a = P_{绝} + P_{表}$　　D. $P_a = P_{表} - P_{绝}$

答案：A

90. 有关绝压、真空度和大气压关系的表述正确的是(　　)。

A. $P_a = P_{绝} - P_{真}$　　B. $P_{真} = P_a - P_{绝}$

C. $P_{绝} = P_{真} - P_a$　　D. $P_a = P_{真} - P_{绝}$

答案：B

91. 下列压强的单位换算中错误的是(　　)。

A. $1atm = 1.0133 \times 10^5 Pa$　　B. $1kgf/cm^2 = 735.6mmHg$

C. $1kgf/cm^2 = 1.0133 \times 10^5 Pa$　　D. $latm = 760mmHg$

答案：C

92. 热力学温标的符号为(　　)。

A. t　　B. T　　C. K　　D. ℃

答案：B

93. 绝对零度为(　　)℃。

A. 273　　B. 273.15　　C. −273.15　　D. −273

答案：C

94. 温度的度量标准叫(　　)。

A. 温标　　B. 温度　　C. 摄氏温标　　D. 热力学温标

答案：A

95. 当温度高过某一定值时，无论对气体施加多大压力，气体也不能变成液体，这一临界参数称之为(　　)。

A. 临界压力　　B. 临界比容　　C. 临界温度　　D. 临界密度

答案：C

96. 在测量气体体积流量时，必须同时测量气体的(　　)，并将工作状态下的体积流量换算成标准状态下体积流量。

A. 温度　　B. 密度　　C. 压力　　D. 温度和压力

答案：D

97. 在喇叭形管嘴中，液流的有效断面是(　　)。
A. 曲面　B. 平面　C. 曲面和平面　D. 曲面或平面
答案：A
98. 体积流量 Q 与断面平均流速 v 及有效断面积 A 的关系是(　　)。
A. $Q=vA$　B. $Q=v/A$　C. $Q=A/v$　D. $Q=9.8vA$
答案：A
99. 工程上所说的管道中流体的流速，是指断面(　　)而言。
A. 瞬时流速　B. 最大流速　C. 平均流速　D. 最小流速
答案：C
100. 密度是单位体积的物质的(　　)。
A. 质量　B. 重量　C. 重力　D. 重度
答案：A
101. 当水结冰时，体积增大，密度(　　)。
A. 减小　B. 不变　C. 为 1.5　D. 增大
答案：A
102. 气体的相对密度是该气体的密度与空气在(　　)下的密度之比。
A. 20℃，0.1013MPa　B. 20℃
C. 0℃，0.1013MPa　D. 0.1013MPa
答案：C
103. kg/m^3 与 g/L 单位换算系数是(　　)。
A. 1　B. 10　C. 100　D. 500
答案：A
104. 国际单位制中，体积单位为(　　)。
A. cm^3　B. L　C. mL　D. m^3
答案：D
105. $\phi 273\times 11$(mm)长 1000m 的管道其容积大约是(　　)m^3。
A. 688.14　B. 49.45　C. 888.14　D. 988.14
答案：B
106. $\phi 711\times 10$(mm)长 500m 的管道其容积大约是(　　)m^3。
A. 187.41　B. 2084.87　C. 3084.87　D. 4084.87
答案：A
107. 下列单位中，属于流体容积单位的是(　　)。
A. cm^3　B. dm^3　C. L　D. m^3
答案：C
108. 不同物体或物体的不同部分之间发生热量的传递是因为它们之间存在(　　)。
A. 温度差　B. 势能差　C. 电位差　D. 质量差
答案：A
109. 在同一时刻，物体中温度不同的等温面或等温线不能(　　)。

A. 平行　　B. 相交　　C. 重合　　D. 在同一平面内

答案：B

110. 热量传递的基本方式是(　　)。

A. 热传导　　B. 热对流　　C. 热辐射　　D. 以上选项都是

答案：D

111. 工程上，传热系数 K 都是相对于管道(　　)而言的。

A. 外表面　　B. 内表面

C. 内外表面算术平均值　　D. 内外表面对数平均值

答案：A

112. 影响蒸发速度的因素不包括(　　)。

A. 液体的表面积　　B. 液体的温度

C. 液体表面附近的空气流速　　D. 液体表面上的气压

答案：D

113. 关于液体的蒸发不正确的是(　　)。

A. 蒸发是液体表面发生汽化的现象　　B. 蒸发在任何温度下都能发生

C. 蒸发过程要释放热量　　D. 蒸发表面越大，蒸发越快

答案：C

114. 制冷循环的蒸发过程是(　　)液体的汽化过程。

A. 高温低压　　B. 高温高压　　C. 低温高压　　D. 低温低压

答案：D

115. 下列说法中正确的是(　　)。

A. 在零摄氏度以下时，液体不会蒸发

B. 物质从液态变成气态的现象称为蒸发

C. 液体蒸发时要吸热，所以液体蒸发时温度会升高

D. 在温度保持0℃的容器内，冰、水、水蒸气可以三态共存

答案：D

116. 冷凝是使热物体的温度降低而发生相变化的过程，通常指物质从(　　)变成(　　)的过程。

A. 固态　气态　　B. 液态　气态　　C. 气态　固态　　D. 气态　液态

答案：D

117. 冷凝和(　　)是作用相反的两个单元操作。

A. 蒸发　　B. 凝固　　C. 升华　　D. 凝华

答案：A

118. 冷凝过程分为两种，一种称为膜状冷凝，另一种称为(　　)。

A. 点状冷凝　　B. 滴状冷凝　　C. 带状冷凝　　D. 其他选项说法都不对

答案：B

119. 在化工生产中，实现冷凝的设备通常是(　　)。

A. 蓄热式换热器　　B. 流体连接间接式换热器

C. 间壁式换热器　　D. 直接接触式换热器

答案：C

120. 根据工作原理，离心泵属于(　　)。

A. 速度式泵　　B. 容积式泵　　C. 速度容积式泵　　D. 其他选项都不正确

答案：A

121. 以下不属于容积式泵的有(　　)。

A. 活塞泵　　B. 柱塞泵　　C. 螺杆泵　　D. 离心泵

答案：D

122. 以下属于根据泵轴位置划分泵的类别的是(　　)。

A. 速度式泵　　B. 容积式泵　　C. 卧式泵　　D. 其他选项都不正确

答案：C

123. 根据工作原理，齿轮泵属于(　　)。

A. 速度式泵　　B. 容积式泵　　C. 速度容积式泵　　D. 其他选项都不正确

答案：B

124. 离心泵正常运行时，流体到达叶轮外周时，流速较叶轮内周(　　)。

A. 大　　B. 小　　C. 相同　　D. 无法判断

答案：A

125. 离心泵中使流体的动能转化为静压能的部件为(　　)。

A. 叶轮　　B. 扩散器　　C. 泵轴　　D. 轴承

答案：B

126. 离心泵中的主要做功部件为(　　)。

A. 轴承　　B. 平衡盘　　C. 叶轮　　D. 诱导轮

答案：C

127. 其他条件不变的情况下，吸液池液面压力较高时，泵的入口压力也随之升高，此时泵相比吸液池液面压力较低时(　　)。

A. 更易发生汽蚀　　B. 更不易发生汽蚀

C. 无法判断哪种情况更易发生汽蚀　　D. 其他选项都不正确

答案：B

128. 下列不属于离心泵的主要性能参数的是(　　)。

A. 流量　　B. 扬程　　C. 效率　　D. 运行时间

答案：D

129. 离心泵的流量通常指(　　)。

A. 单位时间内泵输送的液体体积　　B. 泵对单位质量的液体所提供的有效能量

C. 液体流过泵实际所得到的功率　　D. 其他选项都不正确

答案：A

130. 离心泵的扬程通常指(　　)。

A. 单位时间内泵输送的液体体积　　B. 泵对单位质量的液体所提供的有效能量

C. 液体流过泵实际所得到的功率　　D. 其他选项都不正确

答案：B

131. 离心泵的性能曲线一般不包括(　　)。
A. 流量—扬程曲线　　B. 流量—功率曲线
C. 流量—效率曲线　　D. 流量—时间曲线
答案：D
132. 以下属于速度式压缩机的是(　　)。
A. 往复式压缩机　　B. 离心式压缩机　　C. 螺杆式压缩机　　D. 隔膜式压缩机
答案：B
133. 离心式压缩机的直接做功部件为(　　)。
A. 轴承　　B. 机封　　C. 叶轮　　D. 机壳
答案：C
134. 下列属于离心式压缩机的部件的是(　　)。
A. 叶轮　　B. 活塞　　C. 十字头　　D. 连杆
答案：A
135. 下列不属于往复式压缩机的部件是(　　)。
A. 活塞　　B. 十字头　　C. 活塞杆　　D. 叶轮
答案：D
136. 下列不是 LNG 接收站常用换热器的是(　　)。
A. ORV　　B. SCV　　C. IFV　　D. BOG 凝液罐
答案：D
137. 鼓风机是 LNG 接收站换热器(　　)的必要设备。
A. ORV　　B. SCV　　C. IFV　　D. 再沸器
答案：B
138. 接收站 LNG 换热器 ORV 的换热介质是(　　)。
A. 海水与 LNG　　B. 淡水与 LNG　　C. 海水与淡水　　D. 海水与蒸汽
答案：A
139. SCV 水浴管束中流入的介质为(　　)。
A. 海水　　B. 淡水　　C. 热水　　D. LNG
答案：D
140. 属于安全附件的是(　　)。
A. 压力容器　　B. 压力管道　　C. 安全阀　　D. 移动式压力容器
答案：C
141. 安全附件不能重复使用的是(　　)。
A. 安全阀　　B. 压力表　　C. 爆破片　　D. 其他选项都不正确
答案：C
142. 安全阀作为安全附件，检定周期一般为(　　)。
A. 半年　　B. 一年　　C. 两年　　D. 三年
答案：B
143. 不属于安全附件的是(　　)。

A. 安全阀　B. 压力表　C. 爆破片　D. 引压管

答案：D

144. 用于保护压力容器防止超压的部件是(　　)。

A. 引压管　B. 压力表　C. 安全阀　D. 分子筛

答案：C

145. 属于安全附件的直接作用的是(　　)。

A. 防止容器发生锈蚀　B. 防止容器发生倾覆

C. 防止容器发生冷脆　D. 防止容器发生超压

答案：D

146. 关于爆破片的作用，说法正确的是(　　)。

A. 防止超压　B. 防止汽化　C. 防止冷凝　D. 防止锈蚀

答案：A

147. 排放介质时不向外泄漏，而全部通过排泄管放掉的安全阀是(　　)。

A. 全封闭式安全阀　B. 半封闭式安全阀

C. 敞开式安全阀　D. 其他选项都不正确

答案：A

148. 属于金属－非金属复合垫片的是(　　)。

A. 金属平垫片　B. 金属波纹型垫片

C. 金属齿形垫片　D. 金属缠绕垫片

答案：D

149. 常用管道组成件一般不包括(　　)。

A. 法兰　B. 垫片　C. 垫环　D. 压力表

答案：D

150. 一半是盲板一半是垫环的盲板类型是(　　)。

A. 板式平板盲板　B. 8 字盲板　C. 垫环　D. 其他选项都不正确

答案：B

151. 压力等级高时，一般选用(　　)。

A. 石墨平垫片　B. 金属缠绕垫　C. 金属平垫片　D. 八角垫

答案：D

152. 一般用于防止设备超压的保护性阀门是(　　)。

A. 球阀　B. 截止阀　C. 安全阀　D. 止回阀

答案：C

153. 流量调节一般选用(　　)。

A. 蝶阀　B. 止回阀　C. 截止阀　D. 安全阀

答案：C

154. 一般用于设备出口，防止回流的阀门是(　　)。

A. 球阀　B. 蝶阀　C. 止回阀　D. 安全阀

答案：C

155. LNG 接收站 *DN*50 下列阀门一般选用(　　)。

A. 蝶阀　　B. 闸阀　　C. 球阀　　D. 止回阀

答案：C

156. 管子与法兰之间用螺纹连接，在法兰内孔加工螺纹，将带螺纹的管子旋合进去，不必焊接，具有方便安装、方便检修的特点的是(　　)。

A. 螺纹法兰　　B. 平焊法兰　　C. 对焊法兰　　D. 承插焊法兰

答案：A

157. 将管子插入法兰内孔中进行正面和背面焊接，具有容易对中，价格便宜等特点的是(　　)。

A. 螺纹法兰　　B. 平焊法兰　　C. 对焊法兰　　D. 承插焊法兰

答案：B

158. 同等条件下，板式平焊法兰比带颈平焊法兰的刚度和其承载能力(　　)。

A. 高　　B. 低　　C. 一样　　D. 无法比较

答案：B

159. 常见法兰密封面形式一般不包括(　　)。

A. 凸面　　B. 凹凸面　　C. 全平面　　D. 波浪面

答案：D

160. 按材质分类，石墨金属缠绕垫片属于(　　)。

A. 金属垫片　　B. 非金属垫片

C. 金属－非金属组合垫片　　D. 其他选项都不正确

答案：C

161. 下列属于非金属垫片的是(　　)。

A. 石墨垫片　　B. 钢垫片　　C. 铝垫片　　D. 镍垫片

答案：A

162. 金属包覆垫片属于(　　)。

A. 金属垫片　　B. 非金属垫片

C. 金属－非金属组合垫片　　D. 其他选项都不正确

答案：C

163. 非金属垫片常用的材料一般不包括(　　)。

A. 石墨　　B. 石棉　　C. 铝合金　　D. 合成树脂

答案：C

164. 将螺栓分为六角头螺栓、圆头螺栓、方头螺栓的分类方式为(　　)。

A. 按连接的受力方式　　B. 按螺栓的头部形状

C. 按螺纹长度　　D. 按螺纹牙型

答案：B

165. 螺栓的分类方式一般不包括(　　)。

A. 按连接的受力方式　　B. 按螺栓的头部形状

C. 按螺纹长度　　D. 按螺杆的粗细

答案：D

166. 普通螺栓按照制作精度可分为 A. B. C 三个等级，其中 A 级为(　　)。
A. 精制螺栓　　B. 半精制螺栓　　C. 粗制螺栓　　D. 其他选项都不正确
答案：A
167. 螺柱一般又称为(　　)。
A. 双头螺栓　　B. 单头螺栓　　C. 粗制螺栓　　D. 精制螺栓
答案：A
168. 法兰连接的连接点主要受力部件为(　　)。
A. 螺纹　　B. 焊口　　C. 螺栓　　D. 橡胶套
答案：C
169. 螺纹连接通常用于管径较(　　)的场合。
A. 大　　B. 小　　C. 与管径无关　　D. 其他选项都不正确
答案：B
170. 法兰连接相比较焊接连接，优点为(　　)。
A. 可靠性高　　B. 泄漏率低　　C. 便于拆卸　　D. 无优点
答案：C
171. 法兰连接，当连接面有垫环或孔板时，一般需要的垫片数量为(　　)。
A. 1　　B. 2　　C. 3　　D. 4
答案：B
172. 下列属于非接触式密封的是(　　)。
A. 迷宫密封　　B. “O”形密封圈密封
C. 矩形密封圈密封　　D. 无法判断
答案：A
173. 一般来讲，接触式密封相对于非接触式密封，密封效果(　　)。
A. 更好　　B. 更差　　C. 一样　　D. 无法比较
答案：A
174. 非接触式密封相对于接触式密封，一般密封性较差，通常适用于线速度较(　　)的场合。
A. 高　　B. 低　　C. 中　　D. 慢
答案：A
175. 相较于接触式密封，非接触式密封由于密封面不直接接触，启动功率小，寿命更(　　)。
A. 短　　B. 长　　C. 一样　　D. 无法比较
答案：B
176. 下列不属于润滑的常规作用的是(　　)。
A. 改善摩擦副的摩擦状态　　B. 降低摩擦阻力
C. 减缓磨损　　D. 排除杂质
答案：D
177. 润滑油的一般作用不包括(　　)。

A. 润滑　　B. 冷却　　C. 黏接　　D. 缓冲

答案：C

178. 通常情况下，同一设备在相同条件下，润滑状态良好的设备运转寿命(　　)。

A. 更长　　B. 更短　　C. 不变　　D. 无法判断

答案：A

179. 在两个相对摩擦的表面之间加入润滑剂，形成一个润滑油膜的减摩层，就可以(　　)摩擦系数。

A. 降低　　B. 升高　　C. 不变　　D. 其他选项都不正确

答案：A

180. 当摩擦副相对转动速度较高时，一般选用黏度较(　　)的润滑油。

A. 高　　B. 低　　C. 大　　D. 硬

答案：B

181. 润滑脂的作用不包括(　　)。

A. 润滑　　B. 密封　　C. 防锈　　D. 自锁

答案：D

182. 润滑脂主要组成成分不包括(　　)。

A. 稠化剂　　B. 基础油　　C. 双氧水　　D. 添加剂

答案：C

183. 下列属于合成润滑剂的是(　　)。

A. 矿物性润滑剂　　B. 硅油　　C. 动物性润滑剂　　D. 植物性润滑剂

答案：B

184. 压力等荷载的作用下，静设备因材料屈服或断裂而引起的失效形式称为(　　)。

A. 刚度失效　　B. 强度失效　　C. 刚度失稳　　D. 其他选项都不正确

答案：B

185. 下列不属于容器强度失效的是(　　)。

A. 韧性断裂　　B. 脆性断裂　　C. 疲劳断裂　　D. 刚度失稳

答案：D

186. 静设备受到交变荷载的长期作用，材料本身含有裂纹或经一定循环次数后产生裂纹，裂纹扩展使容器没有经过明显的塑性变形而突然发生的断裂称为(　　)。

A. 脆性断裂　　B. 韧性断裂　　C. 疲劳断裂　　D. 蠕变断裂

答案：C

187. 容器在高温下长期受载，随着时间增加材料发生缓慢的塑性变形，塑性变形经长期积累而造成厚度明显减薄或鼓胀变形，最终导致容器断裂称为(　　)。

A. 脆性断裂　　B. 韧性断裂　　C. 疲劳断裂　　D. 蠕变断裂

答案：D

188. 下列不属于有色金属的是(　　)。

A. 铜　　B. 铸铁　　C. 铝合金　　D. 铝

答案：B

189. 通常情况下，合金钢较碳素钢有更(　　)的力学性能。

A. 好　　B. 差　　C. 相同　　D. 无法比较

答案：A

190. 含碳量为0.25%~0.60%的钢为(　　)。

A. 低碳钢　　B. 中碳钢　　C. 高碳钢　　D. 合金钢

答案：B

191. (　　)性能硬而脆，断口呈银白色，很难进行切削加工，工业上极少用来制造机械零件。主要用作炼钢原料或用于可锻铸铁的毛坯。

A. 白口铸铁　　B. 银口铸铁　　C. 灰口铸铁　　D. 无法判断

答案：A

192. 关于电流的概念，下列叙述正确的是(　　)。

A. 导体中电荷的运动就形成电流

B. 电流是矢量，其方向就是负电荷定向运动的方向

C. 在国际单位制中，电流是一个基本物理量，其单位毫安是基本单位

D. 对于导体，只要其两端电势差为零，电流必为零

答案：D

193. 电流经过的路径称为(　　)。

A. 短路　　B. 断路　　C. 通路　　D. 电路

答案：D

194. 电流的密度是用来表示(　　)。

A. 正电荷数量　　B. 电子数量　　C. 电流强弱　　D. 电流正负

答案：C

195. 我们把(　　)运动的方向，规定为电流方向。

A. 正电荷　　B. 负电荷　　C. 自由电子　　D. 自由离子

答案：A

196. 关于直流电的概念，下面叙述正确的是(　　)。

A. 方向和强弱随时间而改变的电流　　B. 方向随时间改变的电流

C. 强弱随时间改变的电流　　D. 方向和强弱都不随时间改变的电流

答案：D

197. 电感在直流电路中相当于(　　)。

A. 开路　　B. 短路　　C. 断路　　D. 支路

答案：B

198. 某直流电路的电压为220V，电阻为40Ω，其电流为(　　)。

A. 5.5A　　B. 4.4A　　C. 1.8A　　D. 8.8A

答案：A

199. 下列电源中，不属于直流电源的是(　　)。

A. 碱性电池　　B. 铅酸电池　　C. 充电电池　　D. 市网电源

答案：D

200. 关于交流电的概念，下面叙述正确的是(　　)。
A. 方向不随时间改变的电流　B. 方向随时间作非周期性改变的电流
C. 强度和方向不随时间改变的电流　D. 强度和方向随时间作周期性改变的电流
答案：D
201. 交流电的角频率 ω 等于(　　)。
A. $2\pi f$　B. πf　C. $2\pi t$　D. $2\pi ft$
答案：A
202. 交流电每完成一次完整的变化所需的时间叫(　　)。
A. 频率　B. 周期　C. 相位　D. 幅值
答案：B
203. 我国低压供电电压单相为220V，三相线电压为380V，此数值指交流电压的(　　)。
A. 平均值　B. 最大值　C. 有效值　D. 瞬时值
答案：C
204. 关于导体的电阻，下列说法中正确的是(　　)。
A. 银导线的电阻一定比铁导线的电阻小
B. 长导线的电阻一定比短导线的电阻大
C. 粗导线的电阻一定比细导线的电阻小
D. 对大多数导体来说，温度越高电阻越大
答案：D
205. 导体的电阻是导体本身的一种性质，它的大小(　　)。
A. 只决定于导体的材料　B. 只决定于导体的长度
C. 只决定于导体的横截面积　D. 决定于导体的材料、长度和横截面积
答案：D
206. 在电厂发电、输送电力等方面要大大降低由于电阻引起的电能损耗，最理想是使用以下材料中的(　　)。
A. 超导体材料　B. 绝缘体材料　C. 半导体材料　D. 导体材料
答案：A
207. 导体对电流的阻力是(　　)。
A. 电纳　B. 电阻　C. 电容　D. 电抗
答案：B
208. 我们把两点之间的电位之差称为(　　)。
A. 电动势　B. 电压　C. 电势差　D. 电压差
答案：B
209. 电压和电流的关系式 $I=U/R$ 称为(　　)。
A. 欧姆定律　B. 基尔霍夫定律　C. 电压定律　D. 电流定律
答案：A
210. 在一电压恒定的电路中，电阻值 R 增大时，电流就随之(　　)。
A. 增大　B. 减小　C. 不变　D. 为零
答案：B

211. 下列关于电压描述正确的是(　　)。
A. 电路中只要有电压就有电流产生
B. 电路中只要有电流存在就一定有电压
C. 电路中的电流与电压是同时存在的，只要其中一个存在，另一个也存在
D. 以上说法均不正确
答案：B
212. 有三只相同的灯泡组成的电路，如果其中一只灯泡突然熄灭，则下面说法中正确的是(　　)。
A. 如果电路是串联电路，另外两只灯泡一定正常发光
B. 如果电路是并联电路，另外两只灯泡一定也熄灭
C. 如果电路是串联电路，另外两只灯泡一定也熄灭
D. 如果电路是并联电路，另外两只灯泡一定正常发光
答案：C
213. 由一个电源、两个小灯泡、一个开关和几根导线连接成一个电路。当断开开关时，两个灯泡都不发光；闭合开关，两个灯泡都发光，则下面说法中正确的是(　　)。
A. 两灯泡一定是串联连接　　B. 两灯泡一定是并联连接
C. 以上两种情况都有可能　　D. 两灯泡一定是串、并联连接
答案：C
214. 关于串并联电路，下列说法中正确的是(　　)。
A. 串联电路电流处处相等
B. 串联电路总电阻的倒数等于各电阻倒数之和
C. 并联电路各支路电流总相等
D. 并联电路的总电阻等于各支路电阻之和
答案：A
215. 凡是不能应用(　　)简化为无分支电路的电路，便是复杂直流电路。
A. 串并联电路　　B. 欧姆定律　　C. 等效电流法　　D. 等效电压法
答案：A
216. 检查高压设备接地故障时，室外不得接近故障点(　　)m 以内。
A. 5　　B. 6　　C. 4　　D. 8
答案：D
217. 高压设备发生接地时，室内不得接近故障点(　　)m 以内。
A. 6　　B. 8　　C. 4　　D. 5
答案：C
218. 当发现有人触电时，首要工作是(　　)。
A. 迅速通知医院　　B. 迅速做人工呼吸
C. 迅速脱离电源　　D. 迅速报警
答案：C
219. 触电后电流通过人体的路径不同，伤害程度也不同，最危险的是由(　　)。

A. 右手流经胸部　　B. 左手流经胸部

C. 左耳流经胸部　　D. 右耳流经胸部

答案：B

220. 挂接地线要先挂(　　)。

A. 边相，后装中相　　B. 接地端，后挂导体端

C. 导体端，后挂接地端　　D. 随意挂

答案：B

221. 照明线路中熔断器起(　　)。

A. 失压保护　　B. 低压保护　　C. 过压保护　　D. 短路保护

答案：D

222. 日光灯镇流器应用(　　)原理。

A. 互感　　B. 自感　　C. 磁化　　D. 磁滞

答案：B

223. 日光灯启辉器的原理是(　　)。

A. 辉光放电　　B. 产生热效应　　C. 产生光电效应　　D. 电磁感应

答案：A

224. (　　)是表达灯具用电量大小的参数。

A. 光通量　　B. 功率　　C. 照明　　D. 亮度

答案：B

225. 电气设备发生火灾后，应准确拨打电话(　　)进行报警。

A. 911　　B. 119　　C. 122　　D. 120

答案：B

226. 电气设备发生火灾后一般不适用(　　)进行灭火。

A. 1211 灭火器　　B. 干粉灭火器　　C. 泡沫灭火器　　D. 二氧化碳灭火器

答案：C

227. 发生电气火灾时应首先(　　)。

A. 报告领导　　B. 使用附近的灭火器灭火

C. 切断电源　　D. 判断起火原因

答案：C

228. 电气装置在运行中产生的危险温度、电火花和(　　)是电气引燃源主要形式。

A. 电弧　　B. 电流　　C. 电压　　D. 电阻

答案：A

229. 不是爆炸必须具备的条件是(　　)。

A. 爆炸性物质　　B. 氧气　　C. 点火源　　D. 惰性气体

答案：D

230. 关于防爆系统的维护说法不正确的是(　　)。

A. 本安回路中安全栅可以不进行接地

B. 防爆仪表外壳各部位的紧固件、密封件应齐全完整

C. 防爆仪表外壳应完好无损，有损防爆性能时应予以更换

D. 防爆仪表导线的引入装置与防爆挠性管和隔离密封接头的连接应紧密牢固、密封良好

答案：A

231. 防爆等级中 T3 要求物体的表面温度不能高于(　　)。

A. 450℃　　B. 300℃　　C. 200℃　　D. 135℃

答案：C

232. (　　)型的防爆仪表可以安装在 0 区。

A. 增安型 e　　B. 本安型 ia　　C. 充油型 o　　D. 隔爆型 d

答案：B

233. 单纯的前馈调节是一种能对(　　)进行补偿的调节系统。

A. 测量与给定之间的偏差　　B. 被调量的变化

C. 干扰量的变化　　D. 测量量的变化

答案：C

234. 一个线性调节系统的稳定性(稳定或不稳定)取决于(　　)。

A. 干扰作用的形式及强弱

B. 系统本身的结构及参数

C. 干扰作用的形式、强弱及系统本身的结构参数

D. 测量与给定之间的偏差

答案：B

235. 单回路控制系统通常由一个被控对象、一个检测元件及传感器、一个(　　)和一个执行器所构成的单闭环控制系统。

A. 调节器　　B. 调节阀　　C. 定值器　　D. 变送器

答案：A

236. 单回路控制系统通常由一个被控对象、一个检测元件及传感器、一个调节器和一个(　　)所构成的单闭环控制系统。

A. 控制器　　B. 定值器　　C. 变送器　　D. 执行器

答案：D

237. 玻璃液体温度计的测量下限由感温液的(　　)决定。

A. 沸点　　B. 凝固点　　C. 导热系数　　D. 密度

答案：B

238. 为了提高水银温度计的测量上限，通常在毛细管内感温液上部充一定压力的(　　)。

A. 空气　　B. 氢气　　C. 氧气　　D. 惰性气体

答案：D

239. 绝对零点是(　　)℃。

A. －273. 15　　B. 273. 15　　C. 0　　D. －100

答案：A

240. 在下列温度计中，精度最高的是(　　)温度计。

A. 双金属　　B. 热电阻　　C. 压力式　　D. 玻璃液体

答案：B

241. 下列热电偶中热电势最大、灵敏度最高的是(　　)型热电偶。

A. K　　B. S　　C. E　　D. J

答案：C

242. 下列热电偶中具有准确率最高，稳定性最好，测温温区宽，使用寿命长等优点的是(　　)型热电偶。

A. K　　B. S　　C. E　　D. J

答案：B

243. 为分辨 S 型热电偶的正负极，可根据偶丝的软硬程度来判断，较硬者是(　　)丝，为(　　)级。

A. 铂铑　正　　B. 铂铑　负

C. 镍铝或镍硅　正　　D. 镍铝或镍硅　负

答案：A

244. 热电偶的热电特性由电极材料的化学成分和物理性能所决定。热电势的大小与组成热电偶的材料及(　　)有关。

A. 粗细　　B. 长短　　C. 冷端温度　　D. 两端温度

答案：D

245. 下面描述不属于热电阻的结构形式的是(　　)。

A. 普通型热电阻　　B. 表面热电阻　　C. 铠装热电阻　　D. 薄膜热电阻

答案：B

246. 热电阻温度计是借用金属丝的电阻随温度变化的原理工作的。下列有关与热电阻温度计配用的金属丝的说法不合适的是(　　)。

A. 经常采用的是铂丝　　B. 也有利用铜丝的

C. 有时采用锰铜丝　　D. 通常不采用金丝

答案：C

247. 下列关于热电阻温度计的叙述中，说法不恰当的是(　　)。

A. 电阻温度计的工作原理，是利用金属线(例如铂线)的电阻随温度做几乎线性的变化

B. 电阻温度计在温度检测时，有时间延迟的缺点

C. 与电阻温度计相比，热电偶温度计能测更高的温度

D. 因为电阻体的电阻丝是用较粗的线做成的，所以具有较强的耐振性能

答案：D

248. 不属于铠装热电阻的特点的是(　　)。

A. 热惰性大，反应迅速

B. 具有可挠性，适用于结构复杂或狭小设备的温度测量

C. 能耐振动和冲击

D. 寿命长，因为热阻收到绝缘材料和气密性很好的保护套管的保护，所以不易被氧化

答案：A

249. 绝对真空下的压力称为(　　)。

A. 真空度　　B. 绝对压力　　C. 绝对零压　　D. 大气压

答案：C

250. 不同测量范围的1151差压变送器是由于测量膜片的(　　)决定的。

A. 厚度不同　　B. 材料不同　　C. 直径不同　　D. 形状不同

答案：A

251. 压力取源部件一般安装在管段的(　　)。

A. 测量元件之后　　B. 流速稳定的直管段上

C. 管道死角处　　D. 任意位置

答案：B

252. 仪表引压管路的强度和严密性试验压力，一般应为设计压力的(　　)。

A. 1.5倍　　B. 1.25倍

C. 1.15倍　　D. 液体试压时为1.25倍，气体试压时为1.15倍

答案：D

253. 压力表的使用范围一般在它量程的1/3～2/3处。如果超过了2/3，则(　　)。

A. 接头或焊口要漏　　B. 压力表的传动机构要变形

C. 时间长了精度要下降　　D. 压力表超量程无指示

答案：C

254. 压力表的使用范围一般在它量程的1/3～2/3处。如果低于1/3，则(　　)。

A. 相对误差增加　　B. 精度等级下降

C. 因压力过低仪表没有指示　　D. 压力表的传动机构变形

答案：A

255. 通常，工业现场压力表的示值表示被测参数的(　　)，它是(　　)。

A. 动压　真空度　　B. 全压　绝压　　C. 动压　表压　　D. 静压　表压

答案：D

256. 弹簧管压力表测的是被测压力和(　　)之差，所以称为表压。

A. 绝对零压　　B. 绝压　　C. 真空度　　D. 大气压

答案：D

257. 单圈式弹簧管压力表的弹簧管通入被测压力后，产生向外挺直的扩张形变，自由端产生微小(　　)。

A. 位移　　B. 膨胀　　C. 变化　　D. 波动

答案：A

258. 低压用的压力计弹簧管用(　　)固定在插座内，高压用的压力计弹簧管用(　　)连接。

A. 焊接法　焊接法　　B. 焊接法　丝扣

C. 丝扣　焊接法　　D. 丝扣　丝扣

答案：B

259. 某容器内压力为1MPa，为了测量它，应选用量程为(　　)的工业压力表。

A. 0 ~ 1MPa　　B. 0 ~ 4MPa　　C. 0 ~ 1.6MPa　　D. 0 ~ 10MPa

答案：C

260. 在管道上安装孔板时，如果方向装反了会造成(　　)。

A. 差压计倒指示　　B. 差压计指示变小

C. 差压计指示变大　　D. 差压计指示无影响

答案：B

261. 在流量正常的情况下，质量流量计输出为零，但状态指示灯闪烁正常，可能的原因有(　　)。

A. 传感器接线错误　　B. 传感器检测线圈断

C. 小流量切除值太大　　D. 传感器故障

答案：C

262. 当需要测量腐蚀、带电或带固体颗粒的流量时，可选用(　　)。

A. 电磁流量计　　B. 椭圆齿轮流量计

C. 均速流量计　　D. 旋涡流量计

答案：A

263. 当需要测量高黏度流体时，可选用(　　)。

A. 电磁流量计　　B. 旋涡流量计　　C. 均速流量计　　D. 椭圆齿轮流量计

答案：D

264. 关于标准差压式流量计对直管段要求的叙述中，正确的说法是(　　)。

A. 一台标准差压流量计的直管段长度要求与β有关，β越大，要求的直管段越长

B. 在已知β的情况下，阻流件的种类不同，要求的直管段长度也不同

C. 比国标中规定的直管段长度短得多，流量测量误差增大

D. 直管段长度过分短时，流量示值下降到零

答案：D

265. 带有均压环的标准孔板，其上游单个90°弯对流量示值的影响的叙述，正确的是(　　)。

A. 因差压装置输出的差压已经是圆周360°差压的均值，所以前直管段长度不足对流量示值无影响

B. 直管段长度太短导致流量示值偏高

C. 直管段长度太短导致流量示值偏低

D. 无法判断

答案：B

266. 标准差压式流量计，例如标准孔板，对前后直管段内壁粗糙度有一定要求，尤其是管道内径小于150mm时。如果管道内壁比国家标准粗糙得多，将引起流量示值(　　)。

A. 偏低　　B. 偏高　　C. 趋零　　D. 无影响

答案：A

267. 不属于差压式流量计隔离液要求的是(　　)。

A. 具有良好的化学稳定性，不可与被隔离介质产生化学反应，出现分解、聚合、燃烧等现象
B. 具有良好的物理稳定性，与被隔离介质接触后，不能互溶、蒸发、凝固、结晶
C. 对于黏度没有要求
D. 对与隔离液接触的仪表和管件没有腐蚀作用
答案：C
268. 转子流量计转子上下的压差由(　　)决定。
A. 转子的质量　　B. 流体的压力　　C. 流体的流速　　D. 转子的体积
答案：C
269. 转子流量计必须(　　)安装。
A. 垂直　　B. 水平　　C. 向上倾斜 45°　　D. 向下倾斜 45°
答案：A
270. 转子流量计中的流体流动方向是(　　)。
A. 自上而下　　B. 自下而上
C. 自上而下或自下而上都可以　　D. 其他选项都不正确
答案：B
271. 液位计中和介质不接触的是(　　)。
A. 超声波液位计　　B. 伺服液位计
C. 钢带浮子液位计　　D. 导波管雷达液位计
答案：A
272. 液位计中不属于浮力式液位计的是(　　)。
A. 浮子式液位计　　B. 浮球式液位计　　C. 浮筒式液位计　　D. 雷达液位计
答案：D
273. 属于直读式液位仪表的是(　　)。
A. 差压变送器　　B. 玻璃板液位计　　C. 浮筒液位计　　D. 钢带液位计
答案：B
274. 下列液位计中，通常会用于测量 LNG 储罐液位的是(　　)。
A. 伺服液位计　　B. 磁翻板液位计　　C. 超声波液位计　　D. 差压液位计
答案：A
275. (　　)是通过天线向被测介质物位发射微波，然后测出微波发射和反射回来的时间而得容器内液位的一种仪表。
A. 伺服液位计　　B. 超声波液位计　　C. 雷达液位计　　D. 浮筒式液位计
答案：C
276. 雷达液位计测量的直接参数是(　　)高度。
A. 液位　　B. 液面　　C. 密度　　D. 温度
答案：B
277. 雷达液位计主要由电子元件和天线构成，无(　　)部件，在使用中的故障极少。
A. 可更换　　B. 显示　　C. 操作　　D. 可动
答案：D

278. 下列选项中，对雷达液位计的工作模式描述正确的是(　　)。

A. 发射—反射—接收　　B. 发射—接收

C. 反射—接收　　D. 反射—发射—接收

答案：A

279. 超声波液位计安装位置应选择在(　　)位置。

A. 扶梯口　　B. 液面平稳　　C. 进料口　　D. 搅拌器附近

答案：B

280. (　　)是应用回声测距法的原理制成的一种液位仪表。

A. 雷达液位计　　B. 浮筒式液位计　　C. 伺服液位计　　D. 超声波液位计

答案：D

281. 关于超声波液位计特点描述错误的是(　　)。

A. 超声波液位计无可动部件，超声探头虽有振动，但振幅很小，仪表结构简单

B. 不受光线、粉尘、湿度、黏度的影响，并与介质的介电常数、电导率、热导率等参数无关

C. 检测元件耐高温，声速不受介质的温度和压力影响，无须保持介质温度恒定

D. 属于不接触测量仪表，因此适用于腐蚀性、高黏度、有毒或无毒介质的液位测量

答案：C

282. 超声波与非声波相比，其特点是频率(　　)，声波(　　)，因此可以沿直线方向传播，二期声能集中，声束尖锐。

A. 高 短　　B. 高 长　　C. 低 短　　D. 低 长

答案：A

283. 按公称压力系列分类，公称压力等于或低于 1.6MPa 的阀门为(　　)。

A. 低压阀门　　B. 中压阀门　　C. 高压阀门　　D. 真空阀门

答案：A

284. 按照工作温度分类，LNG 管线上的调节阀门为(　　)。

A. 中温阀　　B. 低温阀　　C. 常温阀　　D. 超低温阀

答案：D

285. 按照驱动方式分类，利用各种动力源进行驱动的阀属于(　　)。

A. 自动阀　　B. 动力驱动阀　　C. 手动阀　　D. 球阀

答案：B

286. 按照公称通径分类，公称通径为 *DN*50～300mm 的阀门属于(　　)。

A. 小通径阀门　　B. 大通径阀门　　C. 中通径阀门　　D. 特大通径阀门

答案：C

287. 下列说法正确的是(　　)。

A. 直通单座调节阀，适用于要求泄漏量小，前后压差较小的场合

B. 套筒调节阀，易用于高压差场合，介质可含固体颗粒

C. “O”形切断阀的流量特性为等百分比特性

D. 三偏心蝶阀要达到零泄漏，必须使用硬密封

答案：A

288. 若相同的行程变化，产生与当时流量成相同比例的流量变化，则调节阀的流量特性属于(　　)。

A. 输出跑最大　　B. 没有输出　　C. 直线特性　　D. 等百分比特性

答案：C

289. 控制高黏度、带纤维、细颗粒的流体应选用(　　)。

A. 蝶阀　　B. 套筒阀　　C. 直通双座阀　　D. 偏心旋转阀

答案：D

290. 下列气体中不能用红外线气体分析仪分析的是(　　)。

A. C_2H_4　　B. CH_4　　C. C_2H_2　　D. Cl_2

答案：D

291. 当被测溶液 pH 值的变化范围为 7 ~ 14 时，玻璃电极内缓冲液的 pH 值等于(　　)。

A. 0　　B. 2　　C. 7　　D. 14

答案：C

292. 在用 pH 计测定 pH 值时，事先用标准 pH 溶液对仪器进行校正，可消除(　　)。

A. 碱性偏差　　B. 不对称电位的影响

C. 酸性偏差　　D. 响应偏差

答案：B

293. 在线色谱分析仪应每天(　　)。

A. 检查压力设置　　B. 更换主板电池　　C. 校正色谱　　D. 分析仪程序储存

答案：A

294. (　　)全称是分布式控制系统或分散型控制系统。

A. DCS　　B. SIS　　C. FGS　　D. PLC

答案：A

295. (　　)是用于对石油化工等生产装置可能发生的危险或不采取措施将继续恶化的状态进行自动响应和干预，从而保障生产安全，避免造成重大人身伤害及重大财产损失的控制系统。

A. DCS　　B. SIS　　C. FGS　　D. PLC

答案：B

296. (　　)是针对火灾和气体检测的安全管理系统，通过对化工装置现场的消防按钮、烟、火、可燃气体、有毒气体的检测信号的采集，经过软件逻辑输出来控制报警灯、报警铃、雨淋阀、泡沫阀等。

A. DCS　　B. SIS　　C. FGS　　D. PLC

答案：C

297. (　　)是采用一类可编程的存储器，用于其内部存储程序，执行逻辑运算、顺序控制、定时、计数与算术操作等面向用户的指令，并通过数字或模拟式输入/输出控制各种类型的机械或生产过程。

A. DCS　　B. SIS　　C. FGS　　D. PLC

答案：D

298. 通过专用软件定义系统的过程是(　　)。

A. 编程　　B. 组态　　C. 下装　　D. 网络组态

答案：B

299. 表决是指冗余系统中用多数原则将每个支路的数据进行比较和修正的一种机理。下列表示 3 取 2 的是(　　)

A. 1002　　B. 2002　　C. 2003　　D. 1001

答案：C

300. 在自动控制系统中，(　　)是指受控制器操纵的，用以克服干扰的影响，使被控变量保持设定值的物料量或能力。

A. 被控对象　　B. 设定值　　C. 扰动量　　D. 操纵变量

答案：D

301. 把系统(或环节)的(　　)直接或经过一些环节重新返回到输入端的做法叫作反馈。

A. 操纵信号　　B. 测量信号　　C. 干扰信号　　D. 输出信号

答案：D

302. 系统的被控变量不随时间而变化的(　　)状态称为系统的静态。

A. 平衡　　B. 不平衡　　C. 波动　　D. 不波动

答案：A

303.《安全生产法》规定，生产经营单位必须为从业人员提供符合国家标准或者行业标准的(　　)，并监督、教育从业人员照章执行。

A. 劳动防护用品　　B. 劳动工具　　C. 福利待遇　　D. 工作场所

答案：A

304. 依照《安全生产法》规定，从业人员应履行(　　)义务。

A. 遵守操作规程，服从管理，正确佩戴和使用劳动防护用品

B. 忠于职守，坚持原则，秉公执法

C. 坚持安全生产检查，及时消除事故隐患

D. 对发现的问题视而不见

答案：A

305. 为了(　　)，应当使用安全帽。

A. 防止脸被碰伤　　B. 防止头发被机器绞缠

C. 防止物体碰击头部　　D. 防止腿部受伤

答案：C

306. 安全带应(　　)。

A. 将绳打结后使用　　B. 高挂低用

C. 将挂钩直接挂在安全绳上使用　　D. 低挂高用

答案：B

307. 作业地点离基准面(　　)m 以上，即为高空作业。进行高空作业，必须贯彻执行高空作业安全措施。

A. 1　B. 2　C. 3　D. 4

答案：B

308. 天然气的主要组分为甲烷，爆炸极限为(　　)。

A. 5%~15%　B. 10%~15%　C. 15%~20%　D. 20%~25%

答案：A

309. “三违”指(　　)、违章操作、违反劳动纪律。

A. 违章记录　B. 违章指挥　C. 违章巡检　D. 违章动火

答案：B

310. LNG 接收站工艺装置区内的大部分区域为爆炸危险(　　)。

A. 0 区　B. 1 区　C. 2 区　D. 3 区

答案：C

311. 一张用火作业许可证只限(　　)处用火。

A. 1　B. 2　C. 3　D. 4

答案：A

312. 特级、一级用火许可证有效时间不超过(　　)小时。

A. 4　B. 6　C. 8　D. 10

答案：C

313. 用火作业分(　　)个级别。

A. 一　B. 二　C. 三　D. 四

答案：C

314. 用火许可证一式(　　)联。

A. 三　B. 四　C. 五　D. 六

答案：B

315. 液化天然气的密度约为 430 ~ 470kg/m^3，储存温度为 −162℃，爆炸极限为(　　)。

A. 5%~10%　B. 25%~50%　C. 5%~15%　D. 10%~20%

答案：C

316. LNG 接收站的泄漏收集池每池至少需布置(　　)个低温探测器。

A. 3　B. 1　C. 2　D. 4

答案：A

317. (　　)不是为了保障 LNG 储罐的安全稳定而设计的。

A. 防超压泄放系统　B. 防真空补气系统

C. 防翻滚系统　D. 高压外输系统

答案：D

318. (　　)具有电绝缘、低温使用和价格低廉等优点，在我国灭火器市场中所占份额最大。

A. 二氧化碳灭火器　B. 泡沫灭火器

C. 干粉类灭火器　D. 卤代烷灭火器

答案：C

319. 灭火的基本方法不包括(　　)。

A. 冷却法　　B. 抑制法　　C. 窒息法　　D. 隔离法

答案：B

320. (　　)是以磷酸铵盐为基料的灭火器。

A. ABC 干粉灭火器　　B. BC 干粉灭火器

C. 泡沫灭火器　　D. 卤代烷灭火器

答案：A

321. BC 干粉灭火器灭火剂的主要成分为(　　)。

A. 碳酸氢钠　　B. 七氟丙烷　　C. 碳酸铵盐　　D. 磷酸铵盐

答案：A

322. 以下标志中，属于禁止标志的是(　　)。

A. 　　B. 　　C. 　　D. 

答案：A

323. 以下标志中，属于警告标志的是(　　)。

A. 　　B. 　　C. 　　D. 

答案：B

324. 根据青岛 LNG 接收站安全管理要求，接收站内全场禁火、禁烟，以下标志中不属于禁烟、禁火标志的是(　　)。

A. 　　B. 　　C. 　　D. 

答案：D

325. 接收站内主要接卸介质是 LNG，LNG 具有低温特性，以下标志中(　　)是当心低温标志。

A. 　　B. 　　C. 　　D. 

答案：B

326.《职业病防治法》所称职业病，是指(　　)的劳动者在职业活动中，因接触粉尘、放射性物质和其他有毒、有害因素而引起的疾病。

A. 企业、事业单位　　B. 企业、事业单位和个体经济组织

C. 企业、政府单位　　D. 企业、政府单位和事业单位

答案：B

327. 职业病的分类和目录由(　　)行政部门会同国务院安全生产监督管理部门、劳动保障行政部门制定、调整并公布。

A. 公安　　B. 卫生　　C. 国务院　　D. 工会

答案：B

328. 职业病危害因素包括职业活动中存在的各种有害的(　　)因素以及在作业过程中产生的其他职业有害因素。

A. 化学、物理、生物　　B. 化学、物理、生理

C. 生理、物理、生物　　D. 化学、物理、生化

答案：A

329. 生产过程中产生的职业危害因素包括化学因素、物理因素和生物因素，下列各类职业危害因素中，属于物理因素的是(　　)。

A. 触电、窒息　　B. 高空坠落、物体打击

C. 噪声、辐射　　D. 窒息、高温

答案：C

330. 习近平总书记指出，人命关天，发展决不能以牺牲人的生命为代价。这必须作为一条不可逾越的(　　)。

A. 底线　　B. 生命线　　C. 红线　　D. 高压线

答案：C

331. 新《安全生产法》确立的安全生产工作方针是(　　)。

A. 安全第一、预防为主、综合治理　　B. 安全第一、预防为主

C. 安全第一、预防为主、从严治理　　D. 安全第一、预防为主、强化治理

答案：A

332. 关于《安全生产法》的立法目的，下列表述不准确的是(　　)。

A. 加强安全生产工作　　B. 防止和减少生产安全事故

C. 推动经济社会跨越式发展　　D. 保障人民群众生命财产安全

答案：C

333. 工会在生产经营单位安全生产方面的职权表述不正确的是(　　)。

A. 依法组织职工参加本单位安全生产工作的民主管理和民主监督

B. 维护职工在安全生产方面的合法权益

C. 生产经营单位制定或者修改有关安全生产的规章制度，应当听取工会的意见

D. 对本单位的安全生产工作全面负责

答案：D

334. 生产、储存、经营易燃易爆危险品的场所与人员密集场所、居住场所比邻的，(　　)不属于集团公司重大生产安全事故隐患。

A. 企业应急预案、现场应急处置方案与实际不符，缺乏针对性；

B. 人员现场应急处置能力不足

C. 应急处置设施与企业生产经营活动不匹配

D. 企业应急预案未在地方政府备案。

答案：D

335.《中共中央国务院关于推进安全生产领域改革发展的意见》指出，对重点行业、重点区域、重点企业实行风险预警控制，有效防范(　　)生产安全事故。

A. 一般　　B. 较大　　C. 重大　　D. 重特大

答案：D

336. 初报信息应在突发事件发生后(　　)小时内电话或书面向总部生产调度指挥中心报告。

A. 1　　B. 2　　C. 3　　D. 4

答案：A

337. 发生突发事件后，应根据事件发展情况，及时启动相应等级的(　　)。

A. 专项预案　　B. 综合预案　　C. 应急处置方案　　D. 应急预案

答案：D

338. 消防应急照明灯平时是(　　)。

A. 常亮的　　B. 不亮的　　C. 看情况　　D. 均可

答案：B

339. (　　)不是为了保障 LNG 储罐的安全稳定而设计的。

A. 防超压泄放系统　　B. 防真空补气系统

C. 防翻滚系统　　D. 高压外输系统

答案：D

340. 在 LNG 接收站内，当温度达到(　　)摄氏度时，喷淋头的玻璃管(红色)就会自动爆裂。喷淋系统则启动消防喷淋，自动喷水灭火。

A. 54　　B. 68　　C. 80　　D. 96

答案：B

341. LNG 接收站气体灭火系统的类型为(　　)。

A. 二氧化碳　　B. 七氟丙烷　　C. 气溶胶　　D. 惰性气体

答案：C

342. 由计量机构执行的计量器具检定称之为(　　)。

A. 定期检定　　B. 国家检定　　C. 周期检定　　D. 机构检定

答案：B

343. 为评定计量器具的计量性能，确定其是否符合法定要求所进行的全部工作被称为(　　)。

A. 计量　　B. 测量　　C. 度量　　D. 检定

答案：D

344. 实现单位统一、量值准确可靠的活动被称作(　　)。

A. 计量　　B. 对比　　C. 校准　　D. 检定

答案：A

345. 在给定量制中约定选取的一组不能用其他量表示的量叫作(　　)。

A. 导出量　　B. 对比量　　C. 基本量　　D. 无量纲量

答案：C

346. 测量是(　　)。

A. 定性区别并能定量确定的物体属性　　B. 以确定被测对象量值为目的全部操作

C. 已知的量与未知的量进行比较　　D. 实现单位统一和量值准确可靠的测量

答案：B

347. 计量单位是(　　)。
A. 可以定性区别并能定量确定的物体属性
B. 用以定量表示同类量量值大小而约定采用的特定量
C. 由数值表示的量的大小
D. 可以定性区别并能定量确定的现象或物体的属性
答案：B
348. 0.1MPa＝(　　)psi。
A. 0.069　　B. 10　　C. 14.5　　D. 29
答案：C
349. 当热力学温度 T 为 357.15K 时，若用摄氏温度 t 表示，则为(　　)。
A. 80℃　　B. 75℃　　C. 84℃　　D. 183℃
答案：C
350. 下列不是体积流量单位的是(　　)。
A. m^3/h　　B. kg/s　　C. L/min　　D. L/h
答案：B
351. 1 标准物理大气压＝(　　)。
A. 0.0980665 Pa　　B. 0.101325 Pa　　C. 98.0665 Pa　　D. 101325 Pa
答案：D
352. 下列说法中错误的是(　　)。
A. 单位本身是一个量　　B. 单位不等于量
C. 同一单位可以表达不同的量　　D. 同一单位只能表达同一量
答案：D
353. 下列说法中正确的是(　　)。
A. 现象、物体或物质的特性，其大小可用一个数和一个测量单位表示
B. 现象、物体或物质的特性，其大小可用一个数和一个参照对象表示
C. 现象、物体或物质的特性，其大小可用一个数和一个测量程序表示
D. 现象、物体或物质的特性，其大小可用一个数和一个标准物质表示
答案：B
354. 下列不是量纲为 1 的量的是(　　)。
A. 平面角　　B. 折射率　　C. 长度　　D. 摩擦系数
答案：C
355. 国际单位制有(　　)个辅助单位。
A. 2　　B. 4　　C. 7　　D. 10
答案：A
356. 测量误差是指测量仪表的指示值与被测量的(　　)之间存在的偏差值。
A. 真实值　　B. 测量值　　C. 指示值　　D. 示值
答案：A
357. 下列关于误差的说法中，不正确的是(　　)。

A. 误差产生的原因有许多种　　B. 误差表示方法的不同，可有多种误差名称

C. 系统误差有一定规律　　D. 经过努力，误差可以完全消失

答案：D

358. 测量误差按(　　)来分，可分为系统误差、随机误差和粗大误差。

A. 误差的数值表示法　　B. 误差与仪表使用条件的关系

C. 仪表的工作条件　　D. 误差产生原因及规律

答案：D

359. 下面方法中，可减少系统误差对测量的影响的是(　　)。

A. 增加测量次数

B. 认真正确地使用测量仪表

C. 找出误差产生原因，对测量结果引入适当的修正来消除

D. 多次测量取平均值，即系统误差全消除

答案：C

360. 我国天然气计量的标准参比条件是指(　　)的气体状态。

A. 压力为101.325kPa，温度为273.15K　B. 压力为100kPa，温度为293.15K

C. 压力为101.325kPa，温度为293.15K　D. 压力为100.325kPa，温度为273.15K

答案：C

361. 在我国，天然气计量标准参比温度是(　　)。

A. 0℃　　B. 10℃　　C. 15℃　　D. 20℃

答案：D

362. 在我国，天然气计量标准参比压力是(　　)。

A. 100kPa　　B. 101.325kPa　　C. 14.696psia　　D. 2 ATM

答案：B

363. 下述物理性质中不涉及标准参比条件的是(　　)。

A. 体积　　B. 密度　　C. 摩尔分数　　D. 压缩因子

答案：C

364. 进行露点测定时，应尽可能从管道(　　)采样，避免管道中液体可能会夹带进入便携式露点仪。

A. 顶部　　B. 底部　　C. 前端　　D. 后端

答案：A

365. 对测量准确度要求高时，应选择(　　)露点仪。

A. 冷镜式　　B. 半导体传感　　C. 阻容式　　D. 红外式

答案：A

366. 使用露点仪时必须使吸入样本气的管道保持清洁，否则管道内的杂质将吸收或放出(　　)造成测量误差。

A. 水分　　B. 热量　　C. 光　　D. 能量

答案：A

367. 现场测爆检测时，检测人员必须站在(　　)，首先测试动火点周围，达到动火条件后，再测试动火点的具体部位。

A. 上风向　B. 下风向　C. 动火点周围　D. 动火点的具体部位

答案：A

368. 现场测爆检测时，检测人员必须站在上风向，首先测试(　　)，达到动火条件后，再测试动火点的具体部位。

A. 上风向　B. 下风向　C. 动火点周围　D. 动火点的具体部位

答案：C

369. 现场测爆检测时，检测人员必须站在上风向，首先测试动火点周围，达到动火条件后，再测试(　　)。

A. 上风向　B. 下风向　C. 动火点周围　D. 动火点的具体部位

答案：D

370. 测爆仪的日常检查，可吸入(　　)报警程度的气体后，确认报警动作。

A. 稍高于　B. 低于　C. 稍低于　D. 等于

答案：A

371. 使用便携式复合型气体检测仪检测时，当检测值(　　)预先设定的值的气体浓度时，就会发出报警，对气体爆炸、气体中毒、缺氧等引起的事故时能起到防患未然的作用。

A. $<$　B. $=$　C. $\geqslant$　D. $>$

答案：C

372. 使用便携式复合型气体检测仪时，检测空气中氧气的含量为(　　)。

A. 21%　B. 12%　C. 24%　D. 27%

答案：A

373. 便携式复合型气体检测仪至少(　　)对传感器和仪器进行校准。

A. 1次/年　B. 2次/年　C. 1次/3年　D. 1次/2年

答案：A

374. 便携式复合型气体检测仪如果长期不使用，也要至少(　　)开机一次，对电池剩余量进行检查。

A. 每月　B. 每半年　C. 每年　D. 每周

答案：A

375. 某标准滴定溶液的浓度为0.5010mol·L^{-1}，它的有效数字是(　　)。

A. 5位　B. 4位　C. 3位　D. 2位

答案：B

376. 将18.355修约为0.1为(　　)。

A. 18.4　B. 18.3　C. 18.35　D. 18.36

答案：A

377. 将18.356修约为0.01为(　　)。

A. 18.4　B. 18.3　C. 18.35　D. 18.36

答案：D

378. 将 18.356 保留四位有效数字为(　　)。

A. 18.4　　B. 18.3　　C. 18.35　　D. 18.36

答案：D

379. LNG 取样探头深入管道直径的(　　)处安装。

A. 1/3 ~ 1/2　　B. 2/3 ~ 1/2　　C. 2/3 ~ 1/3　　D. 1/2 ~ 1/4

答案：A

380. LNG 取样探头材料为耐低温不锈钢(　　)。

A. 316L　　B. Q215 − 235　　C. 42CrMo　　D. 40CrNiMo

答案：A

381. 不属于 LNG 连续采样系统必须包括的部分为(　　)。

A. 在线分析软件　　B. 采样系统　　C. 真空取样探头　　D. 气化器

答案：A

382. LNG 取样时取样点的压力应不低于(　　)。

A. 2.5bar　　B. 3bar　　C. 1.5bar　　D. 1bar

答案：A

383. 外排污水中 COD 的浓度应(　　)。

A. <500mg/L　　B. <400mg/L　　C. <50mg/L　　D. <100mg/L

答案：A

384. 软化水中含铁量应低于(　　)mg/L。

A. 0.3　　B. 40　　C. 30　　D. 3

答案：A

385. 在 25 摄氏度时，软化水 pH 值应(　　)。

A. ≥7　　B. <7　　C. =7　　D. ≥8

答案：A

386. 软化水中氯离子的浓度应低于(　　)mg/L。

A. 50　　B. 500　　C. 5000　　D. 100

答案：A

387. 在标准状况下，与 12gH_2的体积相等的 N_2(　　)。

A. 质量为 12g　　B. 物质的量为 6mol

C. 体积为 22.4L　　D. 分子数为 6.02×10^{23}

答案：B

388. 下列有关气体体积的叙述中，正确的是(　　)。

A. 一定温度和压强下，各种气态物质体积的大小由构成气体的分子大小决定

B. 一定温度和压强下，各种气态物质体积的大小由构成气体的质量大小决定

C. 不同的气体，若体积不同，则它们所含的分子数也不同

D. 一定的温度和压强下，各种气体的物质的量决定它们的体积

答案：D

389. 当温度和压强一定时，决定气体体积大小的主要因素是(　　)。

A. 分子直径的大小　　B. 分子间距离的大小

C. 分子间引力的大小　　D. 分子数目的多少

答案：D

390. 如果 ag 某气体中含有的分子数为 b，则 cg 该气体在标准状况下的体积是(式中 N_A 为阿伏加德罗常数的值)(　　)。

A. $\frac{22.4ab}{cN_A}$L　　B. $\frac{22.4bc}{aN_A}$L　　C. $\frac{22.4ac}{bN_A}$L　　D. $\frac{22.4b}{acN_A}$L

答案：B

391. 下列不属于 LNG 码头必须配备的设备/设施的是(　　)。

A. 登船梯　　B. 卸料臂　　C. 码头排凝罐　　D. 辅助靠泊设施

答案：C

392. 快速脱缆钩负载张力监测系统的核心元件为应力测量销，它是一种(　　)，安装于快速脱缆钩上，通过传输线路将压力信号传输到就地的控制箱内。

A. 压力传感器　　B. 信号放大器　　C. 压力控制器　　D. 压力感应装置

答案：A

393. 下列不是登船梯组成部件的是(　　)。

A. 伸缩梯　　B. 液压油泵　　C. 蓄能器　　D. 液压缸

答案：C

394. 卸料臂材质不同，其用途也不同，目前行业中最常用于 LNG 装卸的卸料臂材质是(　　)。

A. 碳钢　　B. 不锈钢　　C. 9%镍钢　　D. 铸铁

答案：B

395. 目前行业中，LNG 码头结构形式有(　　)、高桩式和板桩式。

A. 重力式　　B. 承台式　　C. 框架式　　D. 货运式

答案：A

396. 当前行业中，LNG 码头通常采用“一字型”或(　　)布置。

A. 离岸式　　B. 蝶形　　C. 重力式　　D. 高桩式

答案：B

397. 无掩护的 LNG 码头，也称(　　)LNG 码头。

A. 离岸式　　B. 浮式　　C. 封闭式　　D. 开敞式

答案：D

398. 当前行业中，绝大多数 LNG 码头采用了(　　)布置。

A. 背靠背式　　B. 一字型　　C. 蝶形　　D. 对称式

答案：C

399. 目前世界上装载量最大的 LNG 船舶为(　　)船。

A. MOSS　　B. IHISPB　　C. Q－Flex　　D. Q－Max

答案：D

400. 因薄膜及绝缘材料和结构的不同，目前航运市场上薄膜型 LNG 运输船的两种类型是 GTT No. 96 型和(　　)型。

A. MOSS　　B. GTT MarkⅢ　　C. GTT No. 86　　D. IHISPB

答案：B

401. 目前世界航运市场上的 LNG 运输船，按货舱系统分类可分为薄膜型、菱形和(　　)型。

A. MOSS　　B. IHISPB　　C. GTT No. 96　　D. GTT MarkⅢ

答案：A

402. 目前，世界上最大的 LNG 船舶可装载约(　　)立方米的液化天然气。

A. 24. 6 万　　B. 25. 6 万　　C. 26. 6 万　　D. 27. 6 万

答案：C

403. LNG 码头激光辅助靠泊系统不能测量、计算和显示(　　)。

A. 船首/船尾到岸距离　　B. 靠岸速度

C. 靠岸角度　　D. 风速

答案：D

404. LNG 船舶靠泊作业，船舶即将靠上码头时靠泊角度应小于(　　)。

A. 5°　　B. 10°　　C. 15°　　D. 20°

答案：A

405. LNG 码头靠船墩上设有(　　)，可有效缓冲 LNG 船舶靠泊过程中产生的冲力。

A. 快速脱缆钩　　B. 辅助靠泊系统　　C. 护舷　　D. 缆绳张力监测系统

答案：C

406. LNG 船舶靠泊过程中，判定 LNG 船舶靠泊至指定位置的依据是 LNG 码头上的(　　)与 LNG 船舶对应汇管对齐。

A. 气液混合臂　　B. 气相臂　　C. 登船梯　　D. 护舷

答案：B

407. 快速脱缆钩的驱动机构，一般采用机械和(　　)驱动系统。

A. 液压　　B. 气压　　C. 电动　　D. 磁动

答案：C

408. 快速脱缆钩脱钩释放的方式，一般包括远程脱钩、就地手动脱钩和(　　)。

A. 现场遥控器操作脱钩　　B. 就地电动按钮脱钩

C. 自动脱钩　　D. 就地脚踏开关脱钩

答案：B

409. 进行系缆作业时，最开始应先系(　　)。

A. 首缆和尾缆　　B. 外侧横缆　　C. 内侧横缆　　D. 首倒缆和尾倒缆

答案：D

410. 进行解缆作业时，最开始应先解(　　)。

A. 首缆和尾缆　　B. 外侧横缆　　C. 内侧横缆　　D. 首倒缆和尾倒缆

答案：A

411. 卸船作业时，蒸发气(BOG，Boil－off Gas)通过“自由流动”方式由岸方气相总管向 LNG 船舱进行返气时，储罐的压力必须(　　)LNG 船舱压力，才能向船方返气。

A. 高于　B. 持平　C. 低于　D. 视情况而定

答案：A

412. 进行卸料臂气密性测试时，通常注入氮气进行增压，一般气相臂和液相臂分别增压至(　　)。

A. 2 bar G 和 3 bar G　B. 1 bar G 和 5 bar G

C. 4 bar G 和 2 bar G　D. 5 bar G 和 1 bar G

答案：B

413. 进行卸料臂预冷时，预冷温降速度一般通过调节 LNG 船舶下列哪些阀门开度进行控制(　　)。

A. 预冷泵回流阀及出口阀

B. 卸货泵回流阀及出口阀

C. 预冷泵回流阀及船舶汇管平台冷却阀

D. 卸货泵回流阀及船舶汇管平台冷却阀

答案：C

414. 进行卸料臂连接时，先后顺序通常是(　　)。

A. 先连接 1#臂　B. 操作人员随意选择

C. 先液相臂后气相臂　D. 先气相臂后液相臂

答案：D

415. 当前，LNG 国际贸易中，所占比重最大的 LNG 运输方式是(　　)。

A. 火车铁路运输　B. 槽车公路运输　C. 船舶海路运输　D. 管道运输

答案：C

416. 目前，世界上液化天然气出口国不包括(　　)。

A. 日本　B. 卡塔尔　C. 澳大利亚　D. 俄罗斯

答案：A

417. 目前，世界上液化天然气进口国不包括(　　)。

A. 日本　B. 韩国　C. 中国　D. 澳大利亚

答案：D

418. 目前，世界上液化天然气进口国大多数集中在(　　)。

A. 欧洲　B. 非洲　C. 亚洲　D. 美洲

答案：C

419. 应急照明包括(　　)。

A. 疏散照明、安全照明、备用照明　B. 疏散照明、安全照明、警卫照明

C. 疏散照明、事故照明、警卫照明　D. 疏散照明、备用照明、警卫照明

答案：A

420. 电气事故可分为触电事故、静电危害事故、雷电灾害事故和(　　)事故等几种。

A. 电击　B. 灼伤

C. 电气系统故障危害　　　　D. 电伤

答案：C

421. 防静电的接地电阻要求不大于(　　)Ω。

A. 4　　B. 10　　C. 40　　D. 100

答案：D

422. 液化天然气储罐液位报警、联锁宜(　　)测试一次。

A. 每3个月　　B. 每半年　　C. 每9个月　　D. 每年

答案：D

423. 关于低温环境作业的防寒保护及冻伤紧急处置说法不正确的是(　　)。

A. 在低温环境作业时，应穿戴防寒服和防寒手套，必要时应佩戴面罩或头罩以及防寒耳罩

B. 当皮肤接触到液化天然气时，应立即到医务室在大量热水中浸没

C. 在皮肤温度恢复之前和之后，严禁搓揉冻伤的部位。如果大面积冻伤，应脱去衣物，然后用温水冲洗，并立即就医

D. 当眼睛接触到液化天然气时，应立即提起眼睑，用缓和的温水冲洗眼睛至少15min，严禁使用热水。如仍感不适，立即就医治疗

答案：B

424. 关于个人劳动防护用品说法不正确的是(　　)。

A. 对于生产中必不可少的安全帽等用品必须根据工种的要求配备并保证质量

B. 不应使用无安全标志的特种劳动防护用品

C. 劳动防护用品在不损坏的前提下可超期使用

D. 劳动防护用品有缺陷时应立即报废更换

答案：C

425. 关于有毒、有害危险化学品的管理说法不正确的是(　　)。

A. 有毒、有害化学品应储存在专用仓库内，储存方式、方法与储存数量应符合国家标准，并由专人管理

B. 有毒有害化学品出入库，应进行检查等级并且应定期检查

C. 有毒、有害化学品专用仓库，应符合国家标准对安全、消防的要求，设置明显标志

D. 特种设备以及危险物品的容器、运输工具未经取得专业资质的机构检测、检验合格，取得安全使用证或者安全标志，可以采取措施先投入使用

答案：D

426. 关于静电接地保护说法正确的是(　　)。

A. 在接收站内生产储运过程中会产生静电积累的管道、容器、储罐和加工设备均应作静电接地，其接地系统与其他公用接地系统连接时，其接地电阻应符合其中最大值的要求

B. 当接收站内有易燃品槽车装卸时，应配备防静电接地保护装置并能在接地不符合要求的情况下自动终止装卸作业

C. 如果在加载或卸载的系统中可能有杂散电流或常见外加电流(例如阴极保护)存在时，应采取防止火花的保护措施

D. 接地回路应采用黄绿双色绝缘电缆作为连接线，接地极材料应采用铜或镀锌钢，接地电阻大于10Ω

答案：A

427. 下列不一定属于特种设备的是(　　)。

A. 压力管道　　B. 压力容器　　C. 电梯　　D. 机动车辆

答案：D

428. (　　)应当建立协调机制，及时协调、解决特种设备安全监督管理中存在的问题。

A. 乡级以上人民政府　　B. 县级以上人民政府

C. 市级以上人民政府　　D. 省级以上人民政府

答案：B

429. 根据国务院颁布的《特种设备安全监察条例》，下列属于特种设备的是(　　)。

A. 冲床　　B. 挖掘机　　C. 电梯　　D. 汽车

答案：C

430.《特种设备安全监察条例》规定的特种设备可以分为(　　)类。

A. 四　　B. 七　　C. 五　　D. 八

答案：D

431. 特种设备(　　)其所用的材料、附属的安全附件、安全保护装置和与安全装置相关的设施。

A. 一定包括　　B. 一定不包括　　C. 有时包括　　D. 可以不包括

答案：A

432. 属于特种设备锅炉的范围规定的是(　　)。

A. 容积大于或等于30L的承压蒸汽锅炉

B. 有机热载体锅炉

C. 出水口压力0.1MPa且额定功率为1MW的承压热水锅炉

D. 出水口压力0.05MPa且额定功率为2MW的承压热水锅炉

答案：D

433. 属于特种设备压力容器的范围规定的是(　　)。

A. 最高工作压力0.10MPa，容积25L的气体固定式容器

B. 最高工作压力0.05MPa，容积20L的气体固定式容器

C. 最高工作压力0.05MPa，容积30L的气体固定式容器

D. 最高工作压力0.10MPa，容积20L的气体固定式容器

答案：A

434. 属于特种设备压力管道的范围规定的是(　　)。

A. 最高工作压力为0.10MPa，管径为25mm的天然气管道

B. 最高工作压力为0.10MPa，管径为50mm的天然气管道

C. 最高工作压力为0.05MPa，管径为25mm的天然气管道

D. 最高工作压力为0.05MPa，管径为50mm的天然气管道

答案：B

435. 根据劳动法的规定，建立劳动关系应当订立(　　)。

A. 书面劳动合同　　B. 口头劳动合同

C. 书面或口头合同都可以　　D. 电子邮件形式

答案：A

436. 根据劳动法的规定，试用期最长不得超过(　　)。

A. 3个月　　B. 6个月　　C. 10个月　　D. 12个月

答案：B

437. 以下说法不正确的是(　　)。

A. 劳动者享有平等就业和选择职业的权利、取得劳动报酬的权利

B. 劳动者享受社会保险和福利的权利、提请劳动争议处理的权利

C. 劳动者应当完成劳动任务，提高职业技能，执行劳动安全卫生规程，遵守劳动纪律和职业道德

D. 任何用人单位不得以性别为由拒绝录用妇女或者提高对妇女的录用标准

答案：D

438. 劳动法有关集体合同的规定，企业职工一方与企业可以就劳动报酬、(　　)、休息休假、劳动安全卫生、保险福利等事项，签订集体合同。

A. 工资增长机制　　B. 企业工资指导线

C. 工作时间　　D. 工资平均增长率

答案：C

439. 按照《劳动合同法》的规定，用人单位未按规定及时足额支付劳动者劳动报酬，劳动行政部门责令限期支付，而用人单位逾期不支付的，劳动行政部门可责令用人单位按应付金额(　　)%的标准向劳动者支付赔偿金。

A. 20～30　　B. 30～50　　C. 50～100　　D. 100～150

答案：C

440. 按照《劳动合同法》的规定，经济补偿按劳动者在本单位工作的年限，每满(　　)年支付一个月工资的标准向劳动者支付。

A. 0.5　　B. 1　　C. 2　　D. 2.5

答案：B

441. 根据《劳动合同法》的有关规定，订立劳动合同，应当遵循的原则为：合法、公平、(　　)、协商一致、诚实信用。

A. 公正　　B. 公开　　C. 平等自愿　　D. 及时

答案：C

442. 根据《劳动合同法》的有关规定，下列关于用人单位建立规章制度的说法，正确的是(　　)。

A. 工会或者职工认为规章制度内容不适当的，用人单位也可以实施

B. 用人单位应直接制定、修改规章制度，无须履行民主程序

C. 用人单位应当依法建立和完善劳动规章制度

D. 直接涉及劳动者切身利益的规章制度用人单位无须公示直接实施

答案：C

443. 计算机的特征不包括下列(　　)。

A. 速度快　　B. 存储容量大　　C. 准确性高　　D. 不受病毒攻击

答案：D

444. 关于计算机的使用叙述错误的是(　　)。

A. 计算机要经常使用，不要长期闲置不用

B. 为了延长计算机的使用寿命，应避免频繁开关计算机

C. 在计算机附近应避免磁场干扰

D. 计算机使用几个小时后应关机一会再用

答案：D

445. 计算机键盘能完成的功能是(　　)。

A. 显示　　B. 打印　　C. 输入　　D. 输出

答案：C

446. 一个完整的计算机硬件系统包括(　　)。

A. 运算器、控制器、存储器、输入设备和输出设备

B. 主机、存储器、输入设备和输出设备

C. 微处理器、输入设备和输出设备

D. 主机、键盘和显示器

答案：A

447. 在计算机存储器中，存取速度最快的是(　　)。

A. 软盘　　B. 硬盘　　C. 光盘　　D. 内存

答案：D

448. 通常所说的主机包括(　　)。

A. CPU、硬盘　　B. CPU 和内存

C. CPU、内存与硬盘　　D. CPU、内存与外存

答案：C

449. 在微机系统软件中，最重要的是(　　)。

A. 操作系统　　B. 语言处理程序　　C. 工具软件　　D. 数据库管理系统

答案：A

450. 某单位的工资管理程序属于(　　)。

A. 系统软件　　B. 应用程序　　C. 工具软件　　D. 文字处理软件

答案：B

451. 计算机软件和硬件之间的关系是(　　)。

A. 没有软件就没有硬件　　B. 没有软件，硬件也能发挥作用

C. 硬件只能通过软件起作用　　D. 没有硬件，软件也能起作用

答案：C

452. 下列(　　)操作能打开 Windows 桌面上带图标的程序。

A. 用鼠标双击图标　　B. 用鼠标单击图标

C. 将光标移动到图标上　　D. 用鼠标将图标拖走

答案：A

453. 当将某一应用程序的窗口最大化后，其他已经打开的应用程序窗口处于(　　)状态。

A. 运行　　B. 停止　　C. 等待　　D. 退出

答案：A

454. 通过“开始”菜单运行程序的方法是(　　)。

A. 打开“开始”菜单，找到要运行的程序，然后单击

B. 在桌面上找到对应的图标，然后单击

C. 在“开始”菜单中选择“设置”选项，打开相应的程序

D. 在“开始”菜单中选择“文档”选项，打开相应的程序

答案：A

455. 要想改变某文件的打开方式，应选中该文件，单击(　　)，选择打开方式。

A. Shift 键　　B. 鼠标右键　　C. Alt 键　　D. Ctrl 键

答案：B

456. exe 是(　　)的扩展名。

A. 应用程序　　B. 超文本文件　　C. 图像文件　　D. 声音文件

答案：A

457. 在下列目录管理操作命令中，正确的是(　　)。

A. MD 是删除子目录命令　　B. MD 是改变当前工作子目录命令

C. RD 是建立子目录命令　　D. RD 是删除子目录命令

答案：B

458. 从文件列表中同时选择多个相邻文件的正确操作是(　　)。

A. 按住 Alt 键，用鼠标单击每一个文件名

B. 按住 Ctrl 键，用鼠标单击每一个文件名

C. 按住 Shift 键，用鼠标单击每一个文件名

D. 单击相邻文件区域内第一个文件名，再按住 Shift 键并单击相邻文件区域内最后一个文件名

答案：C

459. 从文件列表中同时选择多个不相邻文件的正确操作是(　　)。

A. 按住 Alt 键，用鼠标单击每一个文件名

B. 按住 Ctrl 键，用鼠标单击每一个文件名

C. 按住 Ctrl + Shift 键，用鼠标单击每一个文件名

D. 按住 Shift 键，用鼠标单击每一个文件名

答案：B

460. 文件所具有的属性不包括下列(　　)。

A. 名称　B. 类型　C. 大小　D. 可用空间

答案：D

461. 对计算机病毒的产生原因描述正确的是(　　)。

A. 人们有意或无意制造的　B. 操作方法不当造成的

C. 操作人员不讲卫生造成的　D. 频繁关机造成的

答案：A

462. 关于电脑病毒说法正确的是(　　)。

A. 电脑病毒只是针对电脑的

B. 电脑病毒是一种电脑程序，它寄生在其他的电脑文件里，并不断地自我复制、传染给别的文件

C. 电脑病毒在破坏时人们一般很难察觉

D. 其他选项都正确

答案：D

463. 预防计算机病毒的措施中无效的是(　　)。

A. 保持机器的清洁卫生

B. 不非法复制和使用来路不明的软盘

C. 将可执行文件的属性修改为只读文件

D. 将已有信息的软盘片加上写保护

答案：A

464. 下列(　　)是推进信息网络化的重要技术基础。

A. 数据技术　B. 通信技术　C. 计算机技术　D. 交换技术

答案：B

465. 下列(　　)是一种文字处理工具，主要用于日常的文档处理和排版工作。

A. Word　B. Excel　C. Access　D. Outlook

答案：A

466. 具有强大功能，能满足用户制作电子表格的各种需要的软件是(　　)。

A. Access　B. Excel　C. PowerPoint　D. FrontPage

答案：B

467. 不属于运行记录的是(　　)。

A. 班长交接班记录本　B. 班组小课堂记录表

C. 外操记录表　D. 班组 HSE 活动记录本

答案：B

468. 不属于运行记录的是(　　)。

A. 作业信息交接单　B. 外操交接班记录本

C. 班组 HSE 活动记录本　D. 外操记录表

答案：A

469. 属于运行记录的是(　　)。

A. 作业信息交接单　B. 外操交接班记录本

C. 班组小课堂活动记录表　　D. 分析化验审批单

答案：B

470. 属于运行记录的是(　　)。

A. 分析化验审批单　　B. 作业信息交接单

C. 班组小课堂活动记录表　　D. 内操记录表

答案：D

471. 关于 LNG 接收站工艺描述错误的是(　　)。

A. LNG 低压汽化后通过压缩机增压外输

B. LNG 在储罐内低温微正压储存

C. LNG 主要通过汽化和液体装车两种形式外输

D. 正常生产工况下无 BOG 气体放空火炬

答案：A

472. 下列描述不是 LNG 接收站主要生产流程的是(　　)。

A. LNG 的汽化　　B. LNG 的升压　　C. 天然气的净化　　D. LNG 槽车充装

答案：C

473. 为充分利用富 LNG 中重组分可通过轻烃回收装置将富 LNG 进行组分分离，下列不属于轻烃回收装置产品的是(　　)。

A. 甲烷　　B. 乙烷　　C. LPG/混合轻烃　　D. 氮气

答案：D

474. LNG 接收站根据功能划分有卸料系统、储存系统、LNG 装车系统、汽化外输系统、BOG 处理系统等，其中运行压力最高的系统是(　　)。

A. 卸料系统　　B. 汽化外输系统

C. LNG 装车系统　　D. BOG 处理系统

答案：B

475. LNG 接收站操作工巡检时应携带相应工具，主要包括防爆扳手、巡检仪、防爆对讲机、(　　)等。

A. 静电仪　　B. 便携式可燃气体检测仪

C. 硫化氢分析仪　　D. 测温仪

答案：B

476. 不能用于燃料气管线验漏的是(　　)。

A. 露点仪　　B. 肥皂水

C. 可燃气体检测仪　　D. 检漏液

答案：A

477. 下列不能用于管道法兰连接螺栓紧固的是(　　)。

A. 活络扳手　　B. 内六角扳手　　C. 力矩扳手　　D. 套筒扳手

答案：B

478. 正确使用钢卷尺方法是(　　)。

A. 随意拉伸　　B. 可扭转、折弯

C. 钢卷尺面要打磨清洗　　D. 测量时可拉直

答案：D

479. 标准状态下氮气的密度是(　　)。

A. 1.293g/L　　B. 1.25g/L　　C. 1.43g/L　　D. 1.35g/L

答案：B

480. 能够保持氮气化学性质的是(　　)。

A. 氮元素　　B. 氮原子　　C. 氮分子　　D. 氮离子

答案：C

481. 氮气通常状况下是一种无色无味的气体，下列哪种方法不是从空气中分离氮气的方法(　　)。

A. 深冷分离法　　B. 空气分解法　　C. 膜分离法　　D. 变压吸附法

答案：B

482. 关于氮气的描述，反映其化学性质的是(　　)。

A. 在放电的条件下，氮气和氧气能够反应生成无色的一氧化氮气体

B. 纯净的氮气是没有颜色、没有气味的气体

C. 氮气微溶于水

D. 在低温高压下能变成无色液体或雪状固体

答案：A

483. 下列不是接收站氮气管网主要控制参数的是(　　)。

A. 压力　　B. 水露点　　C. 密度　　D. 氧含量

答案：C

484. LNG 罐内低压泵电缆密封接头一般采用(　　)密封。

A. 氮气　　B. 空气　　C. 天然气　　D. 二氧化碳

答案：A

485. 卸料臂旋转接头吹扫氮气的露点指标为(　　)。

A. －10℃　　B. －20℃　　C. －30℃　　D. －40℃

答案：D

486. LNG 接收站 PSA 制氮机制氮的原料为压缩空气，产品气为氮气，纯度要求为(　　)。

A. ≥98%　　B. ≥78%　　C. ≥90%　　D. 100%

答案：A

487. 仪表风系统控制水露点的目的是防止仪表风含水量大，在气动阀或气动执行机构聚集成液态水，造成气动阀或气动执行机构故障。因此，接收站通常将仪表风水露点控制在(　　)。

A. ≤－40℃　　B. ≤－10℃　　C. ≤0℃　　D. ≤－60℃

答案：A

488. 仪表风主要控制的参数为(　　)。

A. 压力、氧含量　　B. 压力、露点　　C. 温度、压力　　D. 温度、氧含量

答案：B

489. 仪表风参数中会造成全场联锁停车的是(　　)。
A. 露点　　B. 流量　　C. 温度　　D. 压力
答案：D
490. 下列最可能影响阀门开关动作的是(　　)。
A. 仪表风露点　　B. 仪表风温度　　C. 仪表风压力　　D. 仪表风密度
答案：C
491. LNG 接收站装置开工前，需对系统进行干燥置换，下列说法不正确的是(　　)。
A. 避免物料与空气混合生成爆炸性混合物
B. 避免因干燥置换不彻底低温物料进入系统后结冰
C. 系统置换和干燥的目的相同
D. 在系统置换过程中通常使用氮气
答案：C
492. 若装置内存在易燃易爆和有害气体，在检修前不应用(　　)进行置换。
A. 氮气　　B. 空气　　C. 氩气　　D. 二氧化碳
答案：B
493. LNG 装置干燥的作用是(　　)。
A. 降低装置内氧含量，避免形成爆炸环境
B. 降低装置内氧含量，避免影响装置运行稳定
C. 降低装置内水露点，避免形成爆炸环境
D. 降低装置内水露点，避免结冰影响装置运行
答案：D
494. 下列说法不是储罐干燥置换目的的是(　　)。
A. 避免珍珠岩吸水，影响保冷效果
B. 避免 LNG 遇水汽化加剧
C. 避免 LNG 进入后水结冰对储罐、罐内泵运行造成损害
D. 避免 LNG 进入后与空气形成易燃易爆混合气体
答案：B
495. LNG 管道干燥作业主要检测指标是(　　)。
A. 氧含量　　B. 温度　　C. 水露点　　D. 烃露点
答案：C
496. LNG 接收站施工完成投产前管道置换作业主要检测指标是(　　)。
A. 可燃气体含量　　B. 氧含量　　C. 水露点　　D. 烃露点
答案：B
497. LNG 储罐内罐干燥置换水露点指标为(　　)。
A. <0℃　　B. < -5℃　　C. < -10℃　　D. < -20℃
答案：D
498. 根据液化天然气低温管道设计规范，LNG 管道氮气置换后氧含量合格的指标是低于(　　)。

A. 2% B. 3% C. 4% D. 5%

答案：A

499. 气密性检测是检验压力容器或管道法兰或丝扣连接处的(　　)。

A. 耐压强度 B. 严密性 C. 设计压力 D. 可靠性

答案：B

500. 气密性试验主要是检验容器或管道系统的各连接部位是否有(　　)现象。

A. 泄漏 B. 裂痕 C. 损伤 D. 超压

答案：A

501. (　　)可作为储存介质为天然气的压力容器进行气密性试验时所用介质。

A. 水 B. 天然气 C. 氮气 D. 低温乙烯

答案：C

502. 为降低 LNG 液相臂卸料期间 QCDC 与船方法兰连接泄漏的可能性，在预冷前进行(　　)。

A. 热态 ESD 测试 B. 氮气置换 C. 气密性测试 D. 冷态 ESD 测试

答案：C

503. 下列不是便携式氧含量检测仪的主要特点的是(　　)。

A. 体积小巧，使用方便 B. 便于携带

C. 性能稳定 D. 适用于连续监测的场合

答案：D

504. 在使用便携式氧含量检测仪时，不需要经常对仪器进行(　　)。

A. 检定 B. 更换电池 C. 清洁 D. 保养

答案：A

505. 氧含量检测仪是用相对比较的方法进行测定的，测定时仪器将待测气体浓度产生的电信号同(　　)的电信号进行比较。

A. 零气体 B. 标准气 C. 标准曲线 D. 标准浓度

答案：D

506. 在使用氧含量检测仪时，正常情况下氧气浓度保持在(　　)。

A. 23%~38% B. 12.5%~21.5%

C. 19.5%~23.5% D. 17%~29%

答案：C

507. 露点仪显示测量故障报警，可能的原因是(　　)。

A. 露点仪探头保护罩破损 B. 露点仪探头保护罩受污染

C. 露点仪探头与探头线连接松动 D. 露点仪未送电

答案：C

508. 使用露点仪检测管道内介质露点时，下列说法正确的是(　　)。

A. 进入露点仪气体的压力越高越好

B. 进入露点仪气体的压力越低越好

C. 进入露点仪的气体的流量对检测结果无影响

D. 被检测气体中不能含有颗粒污染物

答案：D

509. 可以使用露点仪测量的气体是(　　)。

A. 氨气　　B. 甲烷　　C. 氯气　　D. 被油污染过的气体

答案：B

510. 对于要求水分含量很低，露点在 -70℃以下，应使用(　　)露点仪。

A. 冷镜式露点仪　　B. 电解法露点仪　　C. 薄膜露点仪　　D. 电容法露点仪

答案：D

511. 在投用压力表时发现压力表无指示，最不可能的原因是(　　)。

A. 压力表指针松动　　B. 压力表导压管堵塞

C. 压力表内扇形齿轮与轴齿轮脱开　　D. 扇形齿轮磨损

答案：D

512. 差压变送器投用时需打开三阀组，正确操作顺序是先打开(　　)，关闭(　　)，最后打开(　　)。

A. 高压阀　平衡阀　低压阀　　B. 低压阀　平衡阀　高压阀

C. 平衡阀　高压阀　低压阀　　D. 平衡阀　低压阀　高压阀

答案：A

513. 差压变送器停运时，关闭三阀组的顺序是先关闭(　　)，打开(　　)，最后关闭(　　)。

A. 高压阀　平衡阀　低压阀　　B. 低压阀　平衡阀　高压阀

C. 平衡阀　高压阀　低压阀　　D. 平衡阀　低压阀　高压阀

答案：B

514. 对于在运的流量变送器判断三阀组安装方向是否装反的方法是，先关闭(　　)，关闭(　　)，最后打开(　　)，若变送器的输出未回零，说明三阀组装反了。

A. 高压阀　平衡阀　低压阀　　B. 低压阀　平衡阀　高压阀

C. 高压阀　低压阀　平衡阀　　D. 平衡阀　低压阀　高压阀

答案：C

515. 低温泵电缆、仪表缆接线箱氮封压力突然变大的原因(　　)。

A. 接线箱内氮气泄漏至大气　　B. 低温泵泵筒 LNG 泄漏至接线箱

C. 无泄漏　　D. 泵筒内 LNG 压力波动

答案：B

516. 低温泵电缆、仪表缆接线箱氮封压力突然变小的原因(　　)。

A. 接线箱内氮气泄漏至大气　　B. 低温泵泵筒 LNG 泄漏至接线箱

C. 无泄漏　　D. 泵筒内 LNG 压力波动

答案：A

517. 低温泵电缆、仪表缆接线箱氮封内压力比泵筒内正常运行压力(　　)，比外界大气压力(　　)。

A. 高 低　　B. 高 高　　C. 低 低　　D. 低 高

答案：D

518. 低温泵电缆、仪表缆接线箱氮封运行状态主要通过(　　)监控，并设置高、低报警。

A. 温度　　B. 露点　　C. 氧含量　　D. 压力

答案：D

519. 卸料臂立管与内臂之间轴承型号为(　　)。

A. Style 40　　B. Style 50　　C. Style 60　　D. Style 80

答案：B

520. 内臂与外臂之间轴承型号为(　　)。

A. Style 40　　B. Style 50　　C. Style 60　　D. Style 80

答案：A

521. LNG 卸料臂通过(　　)结构实现上、下、左、右运动。

A. 双球阀　　B. 蓄能器　　C. 快速接头　　D. 旋转接头

答案：D

522. 卸料臂旋转接头内的轴承为(　　)。

A. 单列滚动轴承　　B. 单列滑动轴承

C. 双列滚动轴承　　D. 双列滑动轴承

答案：C

523. 卸料臂旋转接头氮气吹扫的作用是(　　)。

A. 吹扫氧气　　B. 吹扫水汽和隔离钢球、LNG，防止结冰

C. 稳定卸料臂压力　　D. 吹扫甲烷

答案：B

524. 卸料臂旋转接头吹扫氮气主要监控的指标不包括(　　)。

A. 氧含量　　B. 露点　　C. 压力　　D. 流量

答案：A

525. 吹扫氮气进入卸料臂旋转接头前通过(　　)控制压力。

A. 流量计　　B. 压力表　　C. 减压阀　　D. 球阀

答案：C

526. 旋转接头氮封系统氮气主要设置(　　)报警，避免旋转接头结冰、卸料臂无法动作。

A. 氧含量及露点　　B. 氧含量及流量　　C. 露点及压力　　D. 露点及流量

答案：D

527. 对低温管道、设备预冷说法错误的是(　　)。

A. 设备、管道预冷需要控制预冷速度

B. 设备、管道初次使用需预冷，回温后再次使用无须预冷

C. 因设备停机或管道停用造成设备升温，需再次预冷方可使用

D. 设备、管道预冷对内部水露点有严格要求

答案：B

528. 不是管道、设备预冷的目的的是(　　)。

A. 避免管道温降速度过快受到破坏　　B. 检验管线、设备保冷材料性能

C. 使低温设备、管道达到操作温度　　D. 检测管道是否能达到设计压力

答案：D

529. 对于 LNG 管道、设备，在预冷前不能存在的介质是(　　)。

A. 水　　B. 氮气　　C. 氦气　　D. NG

答案：A

530. 管道设置膨胀弯的作用是(　　)。

A. 使管道美观　　B. 增加管路柔性，降低热应力

C. 设计缺陷　　D. 配合设备布局

答案：B

531. LNG 接收站中下列哪台阀门是截止阀(　　)。

A. 气化器入口切断阀旁路阀　　B. 高压泵入口切断阀

C. 气化器出口切断阀　　D. LNG 储罐上进液阀

答案：A

532. 部分管段设计带内漏功能的截止阀，对其说法正确的是(　　)。

A. 设计截止阀内漏功能是为了对下游管道保冷

B. 设计截止阀内漏功能是为了对下游管道进行升压

C. 设计截止阀内漏功能是为了防止密闭管段 LNG 积聚

D. 设计截止阀内漏功能是为了防止 LNG 汽化

答案：C

533. 关于截止阀反装的说法错误的是(　　)。

A. 截止阀反装容易造成阀杆泄漏

B. 截止阀反装后如阀前后压差大会造成阀门无法打开

C. 截止阀反装容易造成阀芯损坏

D. 截止阀反装不会影响到阀门的使用效果

答案：D

534. LNG 接收站所用蝶阀较多使用的形式为三偏心蝶阀，关于“三偏心”说法错误的是(　　)。

A. 阀杆轴线与蝶板中心线在管道轴线方向上偏离

B. 蝶板密封面的圆锥形轴线与本体圆柱轴线偏离

C. 阀杆轴线与管道轴线偏离

D. 阀杆轴线与蝶板中心线在垂直于管道轴线的经线方向上偏离

答案：C

535. 相对于其他类型阀门，下列哪一项不属于蝶阀优点(　　)。

A. 启闭方便省力

B. 全开时有效流通面积最大

C. 低压下，密封性良好

D. 机构简单、尺寸小、质量轻、适用于大口径阀门

答案：B

536. 蝶阀全开到全关(全关到全开)的标志是(　　)。

A. 阀杆或阀门开关指示器旋转 90°　　B. 阀杆或阀门开关指示器旋转 180°

C. 阀杆或阀门开关指示器旋转 360°　　D. 手轮旋转至转不动为止。

答案：A

537. 日常操作阀门说法正确的是(　　)。

A. 当阀门生锈无法打开时，应使用随身携带工具对其敲打，尝试打开

B. 在开关任何阀门时，不必全开，只要有介质通过

C. 操作阀门应注意阀门指示牌转动方向，使用专业工具操作

D. 阀门关闭后，应再用力重复关闭，防止阀门内漏

答案：C

538. 关闭截止阀至死点时，应回转(　　)圈，使螺纹更好密合，防止损坏阀件。

A. 1/4 至 1/2　　B. 3/4 至 1/2　　C. 1/3 至 1/2　　D. 2/3 至 1/2

答案：A

539. 常用于开关阀门的工具是(　　)。

A. 活络扳手　　B. F 扳手　　C. 管钳　　D. 老虎钳

答案：B

540. LNG 管道常用的低温管托的结构包括(　　)。

A. 保冷材料、气阻层、金属外护　　B. 保冷材料、气阻层、卡箍、支座

C. 保冷材料、密封胶、金属外护、支座　　D. 保冷材料、密封胶、支座

答案：B

541. 下列哪项不是常用保冷管托的类型(　　)。

A. 伸缩管托　　B. 滑动管托　　C. 导向管托　　D. 固定管托

答案：A

542. 水平管线上下列(　　)管托允许在垂直方向上位移。

A. 伸缩管托　　B. 滑动管托　　C. 弹簧支架管托　　D. 导向管托

答案：C

543. 关于水平管道滑动管托的说法正确的是(　　)。

A. 可以在钢结构上任意方向位移　　B. 只能沿一个方向位移

C. 管托无位移，与管道相对滑动　　D. 可在钢结构支撑平面上水平位移

答案：D

544. LNG 接收站低温管道通常选用的不锈钢的牌号为(　　)。

A. 304/304L　　B. 304/304H　　C. 304/316　　D. 316/316L

答案：A

545. 9% Ni 钢最低使用温度为(　　)。

A. －40℃　　B. －100℃　　C. －196℃　　D. －253℃

答案：C

546. 奥氏体不锈钢随温度的降低收缩，线膨胀系数约为(　　)。
A. 17×10^{-5}　　B. 17×10^{-6}　　C. 17×10^{-7}　　D. 17×10^{-4}
答案：B
547. 低温状态下仍具有优越的冲击特性的不锈钢为(　　)。
A. 马氏体不锈钢　　B. 铁素体不锈钢　　C. 奥氏体不锈钢　　D. 其他选项均无
答案：C
548. 适合用于阀门锁定的工具是(　　)。
A. 麻绳　　B. 铁丝　　C. 铜丝　　D. 施封锁
答案：D
549. 下列关于阀门锁定的说法正确的是(　　)。
A. 阀门锁定需将施封锁插入专用阀门锁定孔内，但无须挂标识
B. 阀门锁定需将施封锁插入专用阀门锁定孔内，并悬挂开关状态标识
C. 阀门锁定将开关标识挂在手轮上即可
D. 阀门锁定需将施封锁挂在手轮上
答案：B
550. 以下选项中表示锁关的为(　　)。
A. NC　　B. LC　　C. NO　　D. LO
答案：B
551. 阀门锁定的作用是(　　)。
A. 防止操作人员误操作　　B. 防止阀门联锁打开
C. 防止阀门联锁关闭　　D. 可在 DCS 系统中监控阀门状态
答案：A
552. 根据燃烧器位置的不同，火炬的类型可分为(　　)。
A. 地面火炬、高架火炬　　B. 大型火炬、中型火炬
C. 大型火炬、小型火炬　　D. 地下火炬、地面火炬
答案：A
553. 地面火炬的优点不包括(　　)。
A. 维护方便　　B. 安全　　C. 环保性较好　　D. 工程量大
答案：D
554. 下列对火炬燃烧形式说法正确的是(　　)。
A. 地面火炬根据排放量形成多级燃烧系统
B. 高架火炬根据排放量形成多级燃烧系统
C. 地面火炬对排放量没有严格分级
D. 高架火炬对排放量有严格分级
答案：A
555. 属于高架火炬形式的是(　　)。
A. 自支撑式　　B. 绷绳支撑式　　C. 塔式支撑　　D. 以上均属于
答案：D

556. 仪表风通常是指露点低于(   )℃的压缩空气。

A. -30　B. -35　C. -40　D. -45

答案：C

557. 仪表风用于各种自动化仪表中，如(   )的动力源。

A. 电动阀　B. 气动阀　C. 液控阀　D. 手动阀

答案：B

558. 仪表用风对(   )没有特别要求。

A. 空气的分子组成　B. 空气的杂质组成

C. 空气的湿度　D. 润滑油携带量

答案：A

559. 工厂风与仪表风的区别是(   )。

A. 工厂风压力高　B. 仪表风压力高

C. 仪表风露点低　D. 工厂风露点低

答案：C

560. 螺杆式空气压缩机属于(   )压缩机。

A. 速度式　B. 容积式　C. 往复式　D. 喷射式

答案：B

561. 螺杆式空气压缩机工作时，空气通过(   )啮合被压缩。

A. 阴转子与阳转子　B. 主动齿轮与被动齿轮

C. 主动凸轮与被动凸轮　D. 叶轮与轮毂

答案：A

562. 螺杆式空气压缩机的工作过程由(   )过程组成。

A. 吸气、排气　B. 吸气、压缩、排气

C. 吸气、压缩、膨胀、排气　D. 吸气、膨胀、排气

答案：B

563. 螺杆式空气压缩机在加载状态时，加载电磁阀(   )，放气电磁阀(   )。

A. 打开　打开　B. 打开　关闭　C. 关闭　打开　D. 关闭　关闭

答案：B

564. 微热再生干燥装置的工作原理是(   )。

A. 变温吸附　B. 变压吸附

C. 变温吸附和变压吸附　D. 压缩干燥

答案：C

565. 微热再生干燥装置通常采用两塔循环工作，一塔工作，另一塔(   )。

A. 随即转入再生　B. 停运备用　C. 也工作　D. 先工作后再生

答案：A

566. 微热再生干燥装置有 2 个吸附塔，塔内装(   )。

A. 活性氧化铝　B. 硅胶　C. 4A 分子筛　D. 28A 分子筛

答案：A

567. 微热再生干燥塔有两个，分别起(　　)作用。

A. 干燥和再生　　B. 干燥和排杂质　　C. 干燥和保压　　D. 再生和保压

答案：A

568. PSA 制氮装置以(　　)为吸附剂，运用变压吸附原理，分离空气中的氮气和氧气。

A. 活性氧化铝　　B. 硅胶　　C. 4A 分子筛　　D. 碳分子筛

答案：D

569. PSA 制氮原理是利用氮气与氧气的(　　)不同。

A. 压力　　B. 温度　　C. 密度　　D. 分子直径

答案：D

570. PSA 吸附塔中，由于氧分子和氮分子直径不同，(　　)吸附在碳分子筛。

A. 氧分子　　B. 氮分子　　C. 氧原子　　D. 氮原子

答案：A

571. PSA 制氮装置中影响氮气质量因素最小的是(　　)。

A. 吸附压力　　B. 流速　　C. 吸附时间　　D. 吸附温度

答案：D

572. 全自动软化器的盐槽内，通常应保持有(　　)的盐水。

A. 6%~8%　　B. 过饱和　　C. 2%~5%　　D. 6%~10%

答案：B

573. 软化水器中离子交换树脂的(　　)是离子交换树脂可以反复使用的基础。

A. 可逆性　　B. 再生性　　C. 酸碱性　　D. 选择性

答案：A

574. 新鲜水通过离子交换树脂时水中的(　　)被吸附，钠离子被置换出来。

A. 钙离子　　B. 镁离子　　C. 钠离子　　D. 钙镁离子

答案：D

575. 全自动软化水器内装填(　　)交换树脂，新鲜水通过树脂时水中的钙、镁离子被吸附。

A. 强酸性阳离子　　B. 强酸性阴离子　　C. 强碱性阳离子　　D. 强碱性阴离子

答案：A

576. 锅炉按(　　)分类可分为热水锅炉，蒸汽锅炉，汽、水锅炉等。

A. 装配形式　　B. 生产介质　　C. 用途　　D. 工作压力

答案：B

577. 下列不属于常说的锅炉三大安全附件的是(　　)。

A. 安全阀　　B. 压力表　　C. 水位表　　D. 温度表

答案：D

578. 为保证燃气锅炉点火的安全，锅炉应装设(　　)

A. 防爆门　　B. 熄火保护装置

C. 电火花点火　　D. 点火程序控制装置

答案：D

579. 燃气锅炉型号多为“WNS”型，它表示锅炉是(　　)

A. 卧式内燃室燃炉　　B. 卧式内燃层燃炉

C. 卧式外燃室燃炉　　D. 卧式外燃层燃炉

答案：A

580. 一般滤网的目数是指(　　)内滤网的孔数。

A. 1 英寸长度　　B. 1 厘米长度　　C. 1 平方英寸面积　　D. 1 平方厘米面积

答案：C

581. 在旋转滤网的上下游两侧流道隔墙处装置(　　)。

A. 水位差计　　B. 压差计　　C. 流量计　　D. 液位计

答案：A

582. 冲洗水将旋转滤网拦截的污物冲入集污槽中，(　　)。

A. 流回大海　　B. 流至垃圾处理厂

C. 流至污水处理系统　　D. 人工装走，作为垃圾处理

答案：D

583. 旋转滤网冲洗水泵的海水来自(　　)的出口。

A. 升压泵　　B. 海水泵　　C. 制氯装置　　D. 生产水泵

答案：B

584. 拦污栅是由(　　)制造，长期放入流道中的拦污栅槽内。

A. 铸铁　　B. 碳钢　　C. 不锈钢　　D. 生铁

答案：C

585. 垂直式拦污栅清污机由(　　)组成。

A. 水平布置的栅条拦污栅和水平式自动清污机

B. 水平布置的栅条拦污栅和斜耙式自动清污机

C. 垂直布置的栅条拦污栅和直耙式自动清污机

D. 倾斜布置的栅条拦污栅和直耙式自动清污机

答案：C

586. 拦污栅的清污方法常用的有(　　)。

A. 人工清污　　B. 机械清污

C. 人工清污和机械清污　　D. 电动清淤

答案：C

587. 拦污栅清污机的布置类型很多，一般可分为(　　)

A. 倾斜式和垂直式　　B. 倾斜式和水平式

C. 水平式和垂直式　　D. 手动式和电动式

答案：A

588. LNG 接收站次氯酸钠的制取方法是(　　)。

A. 电解法　　B. 分解法　　C. 精馏法　　D. 裂解法

答案：A

589. 下列选项中不是 LNG 接收站电解海水过程主反应产生的物质的是(　　)。

A. Na^+　　B. ClO^-　　C. H_2　　D. O_2

答案：D

590. 海水中(　　)离子会影响电解氯的产能。

A. 钠、钾　　B. 钙、镁　　C. 钾、镁　　D. 钙、钡

答案：B

591. 电解海水制氯系统包括海水电解单元、加药系统、储存系统、变压整流系统、仪表控制系统和(　　)6 部分组成。

A. 酸洗单元　　B. 氧化单元　　C. 加热系统　　C. 冷却系统

答案：A

592. 反冲洗过滤器可以脱除(　　)。

A. 原料中氯　　B. 原料中钠　　C. 原料中的水　　D. 原料中的机械杂质

答案：D

593. 反冲洗过滤器在正常工况下，转向阀(　　)，排污阀(　　)。

A. 打开　打开　　B. 打开　关闭　　C. 关闭　关闭　　D. 关闭　打开

答案：B

594. 操作人员手动初始化粗过滤器自动反洗步骤可(　　)。

A. 不能与 DCS 的计时和过滤器的压差冲突

B. 应向 DCS 申请和考虑过滤器的压差

C. 不管 DCS 的计时和过滤器的压差

D. 兼顾 DCS 的计时和过滤器的压差

答案：C

595. 全自动反冲洗过滤器应根据(　　)来确定是否需要反洗。

A. 流量　　B. 压差　　C. 进口压力　　D. 出口压力

答案：B

596. 柴油海水消防泵具有自动保护功能，下列选项不会触发保护功能的是(　　)。

A. 蓄电池电压低　　B. 柴油罐液位低

C. 柴油罐液位高　　D. 机组三次启动不成功

答案：C

597. 柴油消防泵应至少配备(　　)套蓄电池，并能实现自动切换。

A. 1　　B. 2　　C. 3　　D. 4

答案：B

598. 当柴油消防泵柴油机转速超过其额定转速(　　)时，超速断路装置能使柴油机停车，并且只能人工复位。

A. 5%~10%　　B. 10%~15%　　C. 15%~20%　　D. 20%~25%

答案：C

599. 柴油消防泵应具有良好的常温启动性能，应保证(　　)内顺利启动，引上水后(　　)内使消防泵达到额定工况。

A. 5s　5s　　B. 5s　20s　　C. 20s　5s　　D. 20s　20s

答案：B

600. 离心泵停车时的正确操作顺序是(　　)。

A. 先关进口阀，再关出口阀，最后停泵

B. 先停泵，再关出口阀，最后关进口阀

C. 先关出口阀，再停泵，最后关进口阀

D. 先关出口阀，再关入口阀，最后停泵

答案：C

601. 离心泵在启动前需要进行灌泵排气操作，这是为了(　　)。

A. 降低启动电流　　B. 降低启动扭矩

C. 防止将气体输送至后续流程　　D. 防止发生气缚

答案：D

602. 操作离心泵时，下列描述正确的是(　　)。

A. 先开进口阀门，启动泵后再开出口阀门

B. 先开出口阀门，启动泵后再开进口阀门

C. 进口、出口阀门都打开后，方可启动

D. 离心泵在打冷水时，机封可以不用冷却水来冷却

答案：A

603. 离心泵切换操作过程中，(　　)，停原运行泵。

A. 备用泵启动前　　B. 备用泵启动后

C. 备用泵过程中　　D. 备用泵启动且运行正常后

答案：D

604. (　　)情况下消防稳压泵能自动启动。

A. 消防管网高于正常压力

B. 消防管网压力低于消防稳压泵启动设定值

C. 消防管网压力高于消防稳压泵启动设定值

D. 消防管网压力正常

答案：B

605. (　　)情况下消防稳压泵能自动停止。

A. 消防管网高于正常压力

B. 消防管网压力低于消防稳压泵停止设定值

C. 消防管网压力高于消防稳压泵停止设定值

D. 消防管网压力正常

答案：C

606. 消防管网压力一般采用(　　)控制稳压泵，并应能调节启停压力。

A. 稳压装置　　B. 水流指示器　　C. 压力开关　　D. 水泵接合器

答案：C

607. 稳压泵的频繁启动影响泵的使用寿命，某 LNG 接收站设置的稳压泵启停次数为(　　)，最接近但不满足规范要求。

A. 5 次/h　　B. 10 次/h　　C. 15 次/h　　D. 20 次/h

答案：D

608. 淡水罐通常采用(　　)。

A. 球形　　B. 圆筒状　　C. 方形　　D. 三角形

答案：B

609. 水罐结构与柴油储罐结构不同，淡水罐没有(　　)。

A. 围堰　　B. 人孔　　C. 排气孔　　D. 液位计

答案：A

610. 下列附件中不属于水罐组成附件的是(　　)。

A. 进出水管　　B. 溢流管　　C. 液位计　　D. 温度计

答案：D

611. 水罐停工检修需要放水，应从(　　)处排放。

A. 进水口　　B. 排污口　　C. 放空口　　D. 人孔

答案：B

612. (　　)不是液氮储存罐的组成。

A. 真空测试口　　B. 液位计　　C. 压力表　　D. 温度计

答案：D

613. 液氮储存罐的内外罐间呈真空状态，目的是(　　)。

A. 便于罐体升压　　B. 保证罐体的安全

C. 减轻罐体的重量　　D. 增强罐体的绝热性能

答案：D

614. 下列选项不属于液氮储罐结构的是(　　)。

A. 碳钢真空外壳　　B. 不锈钢内罐　　C. 支腿　　D. 空浴式气化器

答案：D

615. 一般不用于液氮储罐的用品包括(　　)。

A. 防冻服　　B. 灭火器　　C. 空呼器　　D. 防护面罩

答案：B

616. 液氮系统空浴式气化器一般由(　　)组合而成。

A. 碳钢镀锌翅片星形管　　B. 不锈钢翅片星形管

C. 铝合金翅片星形管　　D. 镍 9 钢翅片星形管

答案：C

617. 影响空浴式气化器汽化能力的因素不包括(　　)。

A. 环境温度　　B. 光照强度　　C. 风力　　D. 液氮储罐液位

答案：D

618. (　　)是依靠翅片吸收外界大气环境热量而实现汽化功能的。

A. 电热式气化器　　B. 空浴式气化器　　C. 电热水浴式　　D. 热水循环式

答案：B

619. 空温式气化器一般在室外使用时，必须(　　)。
A. 设有加湿设备　　B. 设有空调
C. 设有防风罩　　D. 设有除静电的接地装置及防雷击装置
答案：D
620. LNG液相臂在预冷前必须要进行气密性测试，一般使用(　　)。
A. BOG　　B. 二氧化碳　　C. 氮气　　D. 仪表风
答案：C
621. LNG卸料臂气密测试主要检查(　　)是否泄漏。
A. 旋转接头　　B. 卸料臂快速接头与船方法兰连接
C. 双球阀　　D. 卸料臂立柱
答案：B
622. LNG卸料臂连接后氮气置换主要检测的指标为(　　)。
A. 可燃气体含量、氧含量　　B. 可燃气体含量、露点
C. 可燃气体含量　　D. 氧含量、露点
答案：D
623. 卸料臂连接后气密测试时气相臂管线升压至1 bar，液相臂升压至(　　)。
A. 1 bar　　B. 2 bar　　C. 5 bar　　D. 8 bar
答案：C
624. 船岸通信连接系统主要由控制器、光纤卷盘、接线盒、软件、(　　)等组成。
A. 电缆卷盘、缆绳张力检测仪　　B. 电缆卷盘、无线对讲机
C. 电缆卷盘、双模电话　　D. 气动线缆、无线对讲机
答案：C
625. 船岸通信连接后，在船岸ESD信号解除屏蔽的情况下(　　)。
A. 可以随便切换光纤和电缆模式　　B. 不可以随意切换光纤和电缆模式
C. 可以临时断开光纤　　D. 可以临时断开电缆
答案：B
626. 常用的船岸专用通信连接形式是(　　)。
A. 光纤　　B. 电线　　C. 缆绳　　D. 导缆
答案：A
627. LNG接收站船岸通信系统主要通过光纤或电缆与(　　)进行船岸通信连接。
A. LNG船舶　　B. 带缆艇　　C. 拖轮　　D. 消防拖轮
答案：A
628. LNG船舶与接收站连接光纤后除实现电话通信外，还可实现船岸(　　)传输。
A. DCS信号　　B. FGS信号　　C. ESD信号　　D. LTD信号
答案：C
629. 下列哪项不是卸料过程中船岸通信故障可能造成的后果(　　)。
A. 热线电话无法接通　　B. 卸料臂故障报警
C. 船方ESD　　D. 码头区域ESD
答案：B

630. 卸料臂平衡调整的重要结构是(　　)。

A. 旋转接头　　B. 快速接头(QCDC)

C. 配重块　　D. 双球阀

答案：C

631. 卸料臂通过(　　)结构实现伸缩、旋转等动作。

A. 旋转接头　　B. 快速接头(QCDC)

C. 配重块　　D. 双球阀

答案：A

632. 卸料臂紧急脱离系统的组成不包括(　　)。

A. 双球阀　　B. 液压缸　　C. 剪切销　　D. 接头支撑

答案：D

633. 用于实现卸料臂位置监控的是(　　)。

A. 快速接头(QCDC)　　B. 接近开关

C. 旋转接头　　D. 液压开关

答案：B

634. (　　)不是登船梯的组成部分。

A. 塔架　　B. 配重块　　C. 悬梯　　D. 液压系统

答案：B

635. (　　)不是登船梯悬梯的组成部分。

A. 塔架　　B. 主梯　　C. 前梯　　D. 三角梯

答案：A

636. 登船梯悬梯具有升降、伸缩、俯仰和回转等性能，(　　)采用伸缩式结构。

A. 塔架　　B. 主梯　　C. 前梯　　D. 三角梯

答案：C

637. 登船梯悬梯升降的驱动方式是(　　)。

A. 换向阀　　B. 油马达　　C. 油缸变幅　　D. 钢丝绳卷绕

答案：D

638. 罐内离心泵的平衡非常重要，下列选项影响泵平衡的是(　　)。

A. 储罐的液位　　B. 泵的电机功率

C. 泵的安装位置　　D. 径向载荷和轴向载荷

答案：D

639. (　　)不属于罐内离心泵系统的主要组成部分。

A. LNG 储罐顶吊机　　B. 罐内泵

C. 泵井　　D. 泵底阀

答案：A

640. 罐内离心泵的叶轮按照结构形式通常采用(　　)形式。

A. 开式叶轮　　B. 闭式叶轮　　C. 半开式叶轮　　D. 双吸式叶轮

答案：B

641. 罐内离心泵最小回流线的主要作用是(　　)。

A. 实现泵循环保冷　　B. 调节出口流量
C. 避免流量过低，保护低压泵　　D. 倒罐
答案：C

642. 底阀安装在泵井底部，泵吊出时底阀处于(　　)。
A. 全关　　B. 全开　　C. 30% 开度　　D. 50% 开度
答案：A

643. 罐内离心泵泵筒吹扫过程中，底阀的开启与(　　)因素无关。
A. 储罐的罐压　　B. 储罐的液位　　C. 储罐的高度　　D. 底阀弹簧拉力
答案：C

644. 在储罐无外输时，下列关于罐内离心泵泵筒内的液体高度，说法正确的是(　　)。
A. 低于储罐内液体高度　　B. 等于储罐内液体高度
C. 高于储罐内液体高度　　D. 等于储罐的高度
答案：B

645. 下列选项中，对地磅的工作原理描述错误的是(　　)。
A. 被称重物体通过承载器将重力传递给称重传感器
B. 称重传感器弹性体变形，贴附于弹性体上的应变计桥路失去平衡
C. 称重传感器输出与重量数值成正比例的电信号，经线性放大器将信号放大
D. 电信号经 A/D 转换为数字信号，由称重显示仪表对重量信号进行处理后直接显示
答案：D

646. 地磅称重过程中被称重物体的重力是通过(　　)传递至称重传感器。
A. 承载器　　B. 弹性体　　C. 线性放大器　　D. CPU
答案：A

647. 下列选项中，不属于地磅组成部件的是(　　)。
A. 称重传感器　　B. 钢结构承载器　　C. 限位装置　　D. 液压装置
答案：D

648. 地磅汽车衡标准配置主要由称重传力机构、称重显示仪表和(　　)三大主件组成。
A. 高精度称重传感器　　B. 打印机
C. 大屏幕显示器　　D. 称重管理软件
答案：A

649. 地衡的技术参数要求过磅车辆最高时速不得大于(　　)，禁止汽车在秤台上面猛烈紧急刹车。
A. 5km/h　　B. 10km/h　　C. 15km/h　　D. 20km/h
答案：A

650. 下列选项中，不是地衡使用时注意事项的是(　　)。
A. 读数器上的数据稳定后方可读数
B. 读数时应通过摄像头观察磅台是否有人走动、踩磅
C. 读数时应确认槽车是否熄火
D. 车辆上磅时，时速不应超过 20km/h
答案：D

651. 下列选项中，不需要内操在车辆过磅时填写、记录的是(　　)。

A. 车牌号　　B. 物料名称

C. 安全阀检定日期　　D. 车辆质量

答案：C

652. 下列选项中，会造成车辆称重不准的是(　　)。

A. 操作人员在读数器上的数据稳定后读数

B. 操作在读数时磅台有人走动

C. 操作人员读数时槽车未熄火

D. 车辆上磅时时速为 4km/h

答案：B

653. LNG 装车撬是用于液化天然气槽车装卸作业的整体解决方案，下列不在撬体设备集成范围内的是(　　)。

A. 控制器　　B. 工艺管线　　C. 检测与控制仪表　　D. 称重仪

答案：D

654. 通过控制装车撬工艺管线的阀门，完成充装介质的灌装工作，下列不属于装车撬工艺管线的是(　　)。

A. 液相管线　　B. 气相管线　　C. 增压管线　　D. 氮气管线

答案：C

655. LNG 装车撬是用于液化天然气槽车装卸作业的整体解决方案，集成了液相管线、(　　)、回收管线、批量控制器、氮气控制管线。

A. 增压管线　　B. 气相管线　　C. 增压器　　D. CPU

答案：B

656. LNG 装车撬是用于液化天然气槽车装卸作业的整体解决方案，集成了(　　)、气相管线、回收管线、批量控制器、氮气控制管线。

A. 液相管线　　B. 增压管线　　C. 增压器　　D. CPU

答案：A

657. 液化天然气槽车装车撬由槽车装车臂、质量流量计、装车流量控制阀、紧急切断阀、静电接地系统、氮气系统、附属管道和(　　)组成。

A. 批量控制器　　B. 旋转接头　　C. 外臂　　D. 地磅

答案：A

658. 下列选项中，不属于槽车装车撬组成部件的是(　　)。

A. 批量控制器　　B. 静电接地系统　　C. 质量流量计　　D. 液位控制器

答案：D

659. 下列选项中，液化天然气槽车充装计量一般采用的计量设备是(　　)。

A. 质量流量计　　B. 地磅　　C. 涡街流量计　　D. 涡轮流量计

答案：B

660. 下列选项中，不安装在装车撬液相管线上的是(　　)。

A. 带紧急切断功能的截断阀　　B. 流量调节阀

C. 排凝阀　　　　D. 管线根部隔离手阀

答案：C

661. 下列选项中，不属于液化天然气槽车装车臂旋转接头组成部件的是(　　)。

A. 钢珠　　B. 平衡装置　　C. 动密封　　D. 静密封

答案：B

662. 下列选项中，一般不安装在装车臂上的部件是(　　)。

A. 旋转接头　　B. 平衡装置　　C. 隔离阀　　D. 安全阀

答案：D

663. 下列选项中，在不装车期间，装车臂展开时，控制装车臂法兰接口不与地面接触的装置是(　　)。

A. 旋转接头　　B. 平衡装置　　C. 隔离阀　　D. 拉断阀

答案：B

664. 装车臂设置多个旋转接头，可以实现装车臂在(　　)完成指定运动。

A. 一维空间　　B. 二维空间　　C. 三维空间　　D. 四维空间

答案：C

665. 质量流量计作为 LNG 计量设备，无法测量管道内流动 LNG 的(　　)。

A. 质量流量　　B. 流体密度　　C. 温度　　D. 电导率

答案：D

666. LNG 槽车充装时，检查罐体压力是否正常，正常压力应维持在(　　)。

A. 0.0～0.1MPa　　B. 0.2～0.3MPa

C. 0.5～1.0MPa　　D. 1.0～1.5MPa

答案：B

667. 当槽罐车压力上升到(　　)MPa 时，充装人员指挥槽车司机及押运员打开槽车气相隔离阀进行返气作业。

A. 0.2　　B. 0.4　　C. 0.6　　D. 0.8

答案：B

668. 在槽车充装的初始阶段，为了冷却热部件，流量调节阀开度大约为正常流速的(　　)。

A. 10%　　B. 30%　　C. 50%　　D. 70%

答案：A

669. 下列选项中，不参与装车臂工艺操作的阀门是(　　)。

A. 注氮阀　　B. 放空阀　　C. 手动隔离阀　　D. 紧急切断阀

答案：D

670. 根据不同场站的装车工艺不同，(　　)不是装车结束装车臂排空管线的出处。

A. BOG 管网　　B. 氮气管网　　C. 凝液收集罐　　D. 排凝立管

答案：B

671. 装车臂中注氮阀与放空阀的位置为(　　)。

A. 注氮阀在手动隔离阀距装车臂一侧，放空阀在手动隔离阀距槽车一侧

B. 放空阀在手动隔离阀距装车臂一侧，注氮阀在手动隔离阀距槽车一侧

C. 放空阀、注氮阀在手动隔离阀距槽车一侧

D. 放空阀、注氮阀在手动隔离阀距装车臂一侧

答案：C

672. 下列选项中，不属于装车臂旋转接头设置氮气吹扫管线的原因是(　　)。

A. 增大压力　　B. 隔离空气　　C. 隔离水汽　　D. 带走冷量

答案：A

673. 槽车充装站交接班检查由接班班组在(　　)进行。

A. 装车前　　B. 装车后　　C. 接班前　　D. 接班后

答案：C

674. 下列选项中，不属于巡检人员巡检时要随身携带适当工具的是(　　)。

A. 如可燃气体检测仪　　B. 扳手

C. 抹布　　D. 防毒面罩

答案：D

675. 巡检人员应按规定时间和要求对槽车充装站进行巡检。如发现问题，能处理的必须及时处理，不能处理的立即向班长报告，以下哪个选项不属于日常巡检范围。(　　)

A. 装车撬旋转接头　　B. 装车管理系统

C. 装车区域紧急切断阀　　D. 氮气管网压力

答案：B

676. 巡检记录本填写应使用(　　)字体。

A. 仿宋　　B. 黑体　　C. 楷体　　D. 宋体

答案：A

677. LNG 装车撬液相设计最大流量为(　　)。

A. $40m^3/h$　　B. $80m^3/h$　　C. $120m^3/h$　　D. $160m^3/h$

答案：B

678. LNG 装车撬气相设计最大流量为(　　)。

A. $70m^3/h$　　B. $140m^3/h$　　C. $210m^3/h$　　D. $280m^3/h$

答案：C

679. LNG 装车撬气、液相管线设计压力为(　　)。

A. 1.0MPa　　B. 1.5MPa　　C. 1.75MPa　　D. 2.0MPa

答案：C

680. LNG 装车撬气、液相管线设计温度为(　　)。

A. －160℃/75℃　　B. －170℃/65℃　　C. －180℃/55℃　　D. －190℃/45℃

答案：B

681. 我国 LNG 接收站常用的 LNG 储罐类型是(　　)。

A. 地上型　　B. 地下坑型　　C. 半地下型　　D. 全地下型

答案：A

682. 我国 LNG 接收站常用的 LNG 储罐是(　　)。

A. 单包容罐　　B. 双包容罐　　C. 全包容罐　　D. 模式罐

答案：C

683. 中型、大型、小型、特大型 LNG 储罐是按照(　　)分类。

A. 形状　　B. 容量　　C. 结构　　D. 建造材料

答案：B

684. 全容式混凝土液化天然气储罐可分为外罐和内罐，内罐主要是由(　　)组成。

A. 混凝土　　B. 9% 镍钢　　C. 铝合金　　D. 碳钢全容式

答案：B

685. 储罐环形空间的保温材料主要是用(　　)。

A. 膨胀珍珠岩　　B. 毛毡　　C. 干砂　　D. 泡沫玻璃砖

答案：A

686. LNG 接收站全容式 LNG 储罐外罐壁材料为(　　)。

A. 碳钢板　　B. 不锈钢板　　C. 低温混凝土　　D. 9% Ni 钢

答案：C

687. 在内外罐壁环形空间底部区域设置(　　)系统用于容纳泄漏的 LNG。

A. 热角保护　　B. 高温保护　　C. 低温保护　　D. 低温环梁

答案：A

688. 储罐的进液管线分为上进液和下进液的原因是(　　)。

A. 为了更快进液　　B. 防止产生更多的 BOG 气体

C. 防止储罐分层　　D. 方便卸船

答案：C

689. 下列属于 LNG 出罐管线的是(　　)。

A. 零输出管线　　B. 预冷喷淋管线　　C. BOG 管线　　D. 低压泵出口管线

答案：D

690. 储罐顶用于罐内泵检修时吊装的工具是(　　)。

A. 安全阀　　B. 悬臂吊　　C. 铝吊顶　　D. 龙门吊

答案：B

691. 下列设备、设施未安装在罐顶的是(　　)。

A. 高倍数泡沫系统　　B. 储罐压力安全阀

C. 罐内泵回流线　　D. 上、下进液阀

答案：A

692. LNG 储罐用于检测储罐分层的仪表是(　　)。

A. 伺服液位计　　B. 雷达液位计　　C. LTD　　D. 伺服液位开关

答案：C

693. 储罐设置 LTD 的主要目的是(　　)。

A. 监控储罐内温度、密度变化，防止发生分层

B. 监控储罐内罐底板温度

C. 监控内罐气相空间压力

D. 监控内罐气相空间温度

答案：A

694. 储罐用于 BOG 压缩机负荷控制的压力变送器的类型是(　　)，用于压力高高联锁的压力变送器的类型是(　　)。

A. 表压　表压　　B. 绝压　绝压　　C. 绝压　表压　　D. 表压　绝压

答案：C

695. 内外罐壁间环形空间内设置的仪表类型是(　　)。

A. 压力表　　B. 温度计　　C. 液位计　　D. 流量计

答案：B

696. LNG 高压泵系统主要由高压泵、泵筒、电缆密封接头、(　　)、液位计等组成。

A. 底阀　　B. 流量计　　C. LNG 管道　　D. 振动检测系统

答案：D

697. 高压泵泵筒液位计的类型(　　)。

A. 超声波液位计　　B. 雷达液位计　　C. 磁浮子液位计　　D. 压差式液位计

答案：D

698. 下列不属于高压泵入口过滤器堵塞的特征的是(　　)。

A. 过滤器差压表显示增大　　B. 泵入口压力降低

C. 离心泵出口流量减少　　D. 离心泵工作电流增大

答案：D

699. (　　)不属于 LNG 高压泵振动监测系统的组成。

A. 振动探头　　B. 振动电缆　　C. 电缆密封接头　　D. 显示器

答案：D

700. 高压多级离心泵是依靠(　　)的作用将液体从叶轮中心甩向叶轮外缘。

A. 离心力　　B. 负压　　C. 重力　　D. 流速

答案：A

701. 液体进入叶轮后，改变了液流方向。叶轮的吸入口与排出口成直角，液体经叶轮后的流动方向与轴线成直角。这种泵是(　　)。

A. 离心泵　　B. 齿轮泵　　C. 往复泵　　D. 螺杆泵

答案：A

702. 高压泵的泵体和电机的润滑是靠(　　)实现。

A. 润滑油　　B. BOG　　C. 冷却水　　D. LNG

答案：D

703. 一般情况下，高压泵泵筒放空线放空气体至(　　)。

A. 排凝收集罐　　B. BOG 压缩机　　C. LNG 储罐　　D. 再冷凝器

答案：D

704. 高压外输泵的电力电缆被封装在(　　)压力保护的套管中。

A. 氧气　　B. 仪表风　　C. 氮气　　D. BOG

答案：C

705. LNG 高压输出泵仪表电缆密封接头一般采用( )密封。
A. 氮气 B. 空气 C. 天然气 D. 二氧化碳
答案：A
706. 以下不属于高压泵电缆密封接头作用的是( )。
A. 确保天然气不泄漏至空气中 B. 确保天然气不泄漏至配电装置
C. 确保空气无法进入电缆密封接头 D. 避免电缆漏电风险
答案：D
707. 以下哪个不是密封氮气系统的组成部分( )。
A. 调压阀 B. 过滤器 C. 温度表 D. 压力表
答案：C
708. 接收站 LNG 气化器采用( )方式运行。
A. 多台并联 B. 单台串联 C. 多台串联 D. 单台并联
答案：A
709. 以下需要提供燃料气的 LNG 气化器是( )。
A. 开架式气化器 B. 浸没燃烧式气化器
C. 中间介质气化器 D. 空浴式气化器
答案：B
710. 下列不属于常用的大型 LNG 气化器的是( )。
A. 中间介质式气化器 B. 开架式气化器
C. 浸没燃烧式气化器 D. 空浴式气化器
答案：D
711. 作为 LNG 气化器，以下哪种气化器运行和维护成本最低( )。
A. 中间介质气化器 B. 海水开架式气化器
C. 浸没燃烧式气化器 D. 电加热气化器
答案：B
712. 开架式气化器汽化能力随着海水的温度变化而变化，( )。
A. 海水温度越高，汽化能力越强 B. 海水温度越高，汽化能力越弱
C. 海水温度越低，汽化能力越强 D. 海水温度降低，汽化能力不变
答案：A
713. 开架式海水气化器设计要求海水在换热后温降不超过( )。
A. 5℃ B. 10℃ C. 15℃ D. 20℃
答案：A
714. 海水流量降低可能会导致开架式海水气化器翅片结冰，下列不会引起海水流量降低的是( )。
A. 海水泵性能下降 B. 海水流量计出现故障
C. 部分海水流到其他气化器 D. 海水泵出口发生泄漏
答案：B
715. ( )可能是开架式海水气化器海水槽振动的原因。
A. 气化器海水入口压力大 B. 翅片结冰

C. LNG 流量过小　　　　　　　　　D. LNG 流量过大

答案：A

716. LNG 流量增大可能会导致开架式海水气化器翅片结冰，下列不会引起 LNG 流量增大的是(　　)。

A. 气化器入口流量调节阀开度过大　　　　B. 高压泵出口压力升高

C. 高压泵性能下降　　　　　　　　　　　D. 气化器下游管线压力过低

答案：C

717. 提高海水流量可以消除由于海水流量低引起的开架式海水气化器翅片结冰现象，下列不可以提高海水流量的是(　　)。

A. 海水泵性能下降导致流量低，切换海水泵

B. 海水管泄漏导致流量低，切换海水管

C. 调大气化器海水入口流量调节阀

D. 调大海水流量计

答案：D

718. 开架式气化器是以(　　)为热源的基本负荷型 LNG 气化器。

A. 空气　　　　B. 海水　　　　C. 自来水　　　　D. 燃料气

答案：B

719. 在浸没燃烧式气化器的入口 LNG 管道上设(　　)，以控制 LNG 进入气化器的量。

A. 球阀　　　　B. 止回阀　　　　C. 流量调节阀　　　　D. 截止阀

答案：C

720. 浸没燃烧式气化器是以(　　)为热源的 LNG 气化器。

A. 空气　　　　B. 海水　　　　C. 自来水　　　　D. 燃料气

答案：D

721. 浸没燃烧式气化器运行时，经过换热使 LNG 汽化，对换热过程以下叙述错误的是(　　)。

A. 换热过程循环水泵起到关键作用　　　　B. 与水浴进行换热

C. 热传导换热方式　　　　　　　　　　　D. 与烟气接触换热

答案：A

722. SCV 正常运行时，不会影响 SCV 处理量的是(　　)。

A. LNG 的温度　　　　　　　　B. 燃料气的供应压力

C. LNG 的流量　　　　　　　　D. 水浴 pH 值

答案：D

723. 中间介质气化器的中间介质最常用的是(　　)。

A. 甲烷　　　　B. 丙烷　　　　C. 乙烷　　　　D. 丁烷

答案：B

724. 中间介质气化器的海水参与(　　)次换热。

A. 0　　　　B. 1　　　　C. 2　　　　D. 3

答案：C

725. 中间介质气化器分为(　　)个换热段。

A. 0　　B. 1　　C. 2　　D. 3

答案：D

726. IFV 内的 LNG 经过(　　)次换热后变为气态。

A. 0　　B. 1　　C. 2　　D. 3

答案：B

727. 开架式海水气化器海水分布槽的材质是(　　)。

A. 不锈钢　　B. 碳钢　　C. 玻璃钢　　D. 铝合金

答案：D

728. 下列选项中，(　　)可以有效减小开架式海水气化器海水槽振动。

A. 将翅片固定牢固

B. 在气化器海水分配总管入口上安装限流孔板

C. 增大海水流量

D. 增大 LNG 流量

答案：B

729. (　　)可能是开架式海水气化器海水槽振动的原因。

A. 气化器海水入口压力大　　B. 翅片结冰

C. LNG 流量过小　　D. LNG 流量过大

答案：A

730. 下列不属于开架式海水气化器构成部件的是(　　)。

A. 海水分布槽　　B. 换热管　　C. 挡风板　　D. 海水排海余氯检测仪

答案：D

731. 开架式海水气化器的 LNG 进口管道设计为环形或弯曲形的主要作用是(　　)。

A. 增大管道缓冲，减小 ORV 的振动　　B. 美观大方

C. 增大 LNG 阻力，减小 LNG 压力　　D. 保护管道上阀门

答案：A

732. ORV 海水分布槽的结构不包括(　　)。

A. 海水分布槽挡板　　B. 海水排放橡胶堵头

C. 海水分配器　　D. 海水分配阀

答案：D

733. 浸没燃烧式气化器是燃料气和压缩空气在气化器的(　　)内燃烧。

A. 汇管　　B. 燃烧室　　C. 集热器　　D. 加热器

答案：B

734. 下列不是 SCV 鼓风机出口空气作用的是(　　)。

A. 作为设备内气动阀门的动力源　　B. 为主燃火提供助燃气

C. 将燃烧烟气吹至水浴内　　D. 为点火提供助燃气

答案：A

735. 下列不是 SCV 气化器组成部分的是(　　)。

A. 燃烧器　　B. 烟管　　C. 换热管束　　D. 注水泵

答案：D

736. 下列不是 SCV 组成部分的是(　　)。

A. 鼓风机　　B. 碱罐　　C. 循环水泵　　D. 燃料气加热器

答案：D

737. 下列不是 SCV 气化器组成部分的是(　　)。

A. 加碱泵　　B. 水池

C. 燃料气调压装置　　D. 烟气分布器

答案：A

738. 下列设备设施中不属于 SCV 结构设施的是(　　)。

A. 烟囱、烟气分布器　　B. 鼓风机、混凝土水池

C. 酸洗箱　　D. NaOH 储存罐

答案：C

739. 中间介质气化器中管束和管板的连接方法不正确的是(　　)。

A. 胀接　　B. 焊接　　C. 胀焊结合　　D. 螺栓连接

答案：D

740. 下列不属于中间介质气化器构成部件的是(　　)。

A. 蒸发器　　B. 凝结器　　C. 调温器　　D. 分水器

答案：D

741. 中间介质气化器内海水通过主体管路结构中采用(　　)金属。

A. 铸铁　　B. 铝合金　　C. 不锈钢　　D. 钛材

答案：D

742. 下列选项中，属于中间介质气化器组成的是(　　)。

A. 轨道球阀　　B. 海水管束　　C. 冷却水泵　　D. 超声波流量计

答案：B

743. 下列不是 SCV 水浴水质要求的是(　　)。

A. 氯离子　　B. 含菌量　　C. pH 值　　D. 硬度

答案：B

744. 对于 SCV 水浴水质，以下说法不正确的是(　　)。

A. SCV 水池补水前要对水源进行水质分析

B. SCV 配有在线水总硬度检测仪

C. 正常运行中水浴 pH 值会变化

D. 水浴水质要定期进行取样分析

答案：B

745. 当合格水质的水注入 SCV 水浴池后，SCV 投入运行时需要重点关注(　　)水质指标。

A. 氯离子含量　　B. 含油量　　C. 总硬度　　D. pH 值

答案：D

746. SCV 水质指标中对总硬度的要求(　　)。

A. ≤0.03mmol/L　B. ≤0.05mmol/L　C. ≤0.3mmol/L　D. ≤0.5mmol/L

答案：A

747. SCV 水质指标中对 Cl^- 含量的要求(　　)。

A. 0　B. ≤5mg/L　C. ≤25mg/L　D. ≤75mg/L

答案：C

748. 超声波在流体中传播，由一端的换能器发射，另一端接收。顺流方向超声波传播速度会增大，逆流方向则减小，同一传播距离就有不同的传播时间。利用传播速度之差与被测流体流速之关系可直接求取(　　)。

A. 流体的流速　B. 超声波在介质中的流速

C. 超声波的传播时间　D. 超声波在换能器之间传播路径

答案：A

749. LNG 接收站外输计量撬一般不包括(　　)。

A. 流量计　B. 流量计算器　C. 阀门　D. 调压器

答案：D

750. LNG 接收站外输计量撬一般不包括(　　)。

A. 入口切断阀　B. 出口切断阀　C. 排污阀　D. 放空流程

答案：C

751. LNG 接收站外输计量撬一般不包括(　　)。

A. 就地压力表　B. 就地压差表　C. 远传温度表　D. 远传压力表

答案：B

752. LNG 接收站外输计量撬一般不需要检测(　　)。

A. 含硫量　B. 压力　C. 温度　D. 流量

答案：A

753. 下列不是发球筒组成部分的是(　　)。

A. 过滤器　B. 压力表　C. 安全阀　D. 快开盲板

答案：A

754. 发球筒不包括(　　)。

A. 氮气吹扫流程　B. 注水清洗流程　C. 手动放空流程　D. 充压流程

答案：B

755. 下列不是发球筒的部件的是(　　)。

A. 通球指示器　B. 快开盲板　C. 温度表　D. 排污阀门

答案：C

756. 发球筒不包括(　　)。

A. 氮气吹扫接口　B. 安全阀接口

C. 压力平衡流程接口　D. 液位计接口

答案：D

757. 液体分布器是再冷凝器主要结构部件，下列对液体分布器的作用描述不正确的是(　　)。

A. 改善液体分布　　B. 提高传质、传热的有效表面

C. 气体阻力小，操作压力降低　　D. 改善相间接触

答案：C

758. 目前国内LNG接收站再冷凝器多采用单壳单罐式设计，下列部件中，不属于再冷凝器内部构件的是(　　)。

A. 填料层　　B. 液体分布器　　C. 填料支撑板　　D. 升气管

答案：D

759. 下列关于LNG液体分布器的作用描述错误的是(　　)。

A. 提高传质有效表面　　B. 提高传热有效表面

C. 改善相间接触　　D. 形成LNG偏流造成再冷凝器形成端效应

答案：D

760. 国外部分LNG接收站再冷凝器采用双壳双罐式设计，下列对双壳双罐式再冷凝器内部结构描述正确的是(　　)。

A. 内罐与外罐顶部隔离、底部相通　　B. 内罐与外罐顶部隔离、底部隔离

C. 内罐与外罐顶部相通、底部相通　　D. 内罐与外罐顶部相通、底部隔离

答案：A

761. 填料主要分为散装填料和规整填料。下列(　　)不属于散装填料。

A. 拉西环　　B. 鲍尔环　　C. 阶梯环　　D. 丝网波纹

答案：D

762. (　　)是在拉西环的壁面上开一层或两层长方形小窗，具有通量大、阻力小、分离效率高及操作弹性大等优点。

A. 矩鞍环　　B. 鲍尔环　　C. 阶梯环　　D. 丝网波纹

答案：B

763. 下列选项中，不是再冷凝器填料工作特点的是(　　)。

A. 传质传热效率高　　B. 减少湍流

C. 通量大、气体阻力小　　D. 具有很高的抗冲击性能

答案：B

764. LNG再冷凝器属于塔器的一种，其核心的气液接触构件常采用填料层。(　　)不属于再冷凝器常用的填料。

A. 随机堆放填料拉西环　　B. 随机堆放填料鲍尔环

C. 随机堆放填料阶梯环　　D. 规整填料

答案：D

765. 再冷凝器可作为(　　)的入口缓冲罐使用。

A. 罐内泵　　B. 高压泵　　C. BOG压缩机　　D. 气化器

答案：B

766. BOG再冷凝成LNG后去向(　　)。

A. 储罐　　B. 高压泵　　C. 气化器　　D. 减温器

答案：B

767. BOG 再冷凝器作用是将(　　)出口的 BOG 与从储罐输送的过冷 LNG 混合使 BOG 冷凝为 LNG。

A. BOG 压缩机　　B. 高压泵　　C. 气化器　　D. 减温器

答案：A

768. BOG 自 BOG 总管进入再冷凝器前，需依次经过(　　)。

A. BOG 减温器、BOG 压缩机入口分液罐、BOG 压缩机、BOG 冷换器

B. BOG 冷换器、BOG 压缩机入口分液罐、BOG 压缩机、BOG 减温器

C. BOG 压缩机入口分液罐、BOG 压缩机、BOG 减温器、BOG 冷换器

D. BOG 压缩机入口分液罐、BOG 压缩机、BOG 冷换器、BOG 减温器

答案：A

769. 减温器入口 BOG 来源于(　　)。

A. BOG 总管　　B. BOG 压缩机　　C. 气化器　　D. 再冷凝器

答案：A

770. 减温器入口 LNG 来源于(　　)。

A. 罐内泵　　B. 高压泵　　C. 再冷凝器　　D. 产品泵

答案：A

771. 在减温器中，通过向管道内喷淋少量 LNG 的作用说法错误的是(　　)。

A. 降低 BOG 压缩机入口的气体温度　　B. 降低 BOG 压缩机入口气体压力

C. 降低压缩机功耗　　D. 降低压缩机出口温度

答案：B

772. 按照气缸容积的作用方式进行分类，往复式压缩机可以分为单作用压缩机、双作用压缩机和(　　)。

A. 级差式压缩机　　B. 角式压缩机　　C. 立式压缩机　　D. 多列压缩机

答案：A

773. 往复式压缩机一个工作循环一般包括(　　)、吸气、压缩和排气。

A. 冷凝　　B. 膨胀　　C. 降压　　D. 节流

答案：B

774. 下列不属于 BOG 压缩机工作机构的是(　　)。

A. 曲轴　　B. 气缸　　C. 活塞　　D. 气阀

答案：A

775. 下列关于往复式低温 BOG 压缩机工作原理描述错误的是(　　)。

A. 由曲柄连杆机构将驱动机的回转运动变为活塞的往复运动

B. 气缸和曲柄共同组成实现气体压缩的工作腔

C. 活塞在气缸内做往复运动，使气体在气缸内完成进气、压缩和排气等过程

D. 由进、排气阀控制气体进入与排出气缸

答案：B

776.(　　)被限定在压缩机机体滑道内，只能做往复运动。

A. 曲轴　　B. 十字头　　C. 连杆　　D. 气阀

答案：B

777. 下列项目中，(　　)不属于 BOG 压缩机运动机构组成部分。

A. 曲轴　　B. 十字头　　C. 活塞　　D. 联轴器

答案：C

778. 曲轴是压缩机的重要运动部件，下列选项中不是曲轴作用的是(　　)。

A. 传递外界输入的扭矩　　B. 承受传递的气体力

C. 驱动联轴器　　D. 承受传递的惯性力

答案：C

779. 曲轴是往复式压缩机的重要运动部件，下列不属于曲轴组成部件的是(　　)。

A. 主轴颈　　B. 曲柄销　　C. 曲柄　　D. 连杆

答案：D

780. 下列选项中，不属于 BOG 压缩机冷却水系统组成的是(　　)。

A. 冷却水泵　　B. 冷却风机　　C. 电加热器　　D. 氮气缓冲罐

答案：D

781. 蓄能器是 BOG 压缩机冷却水系统中的一种(　　)储蓄装置。

A. 能量　　B. 液压油　　C. 压力　　D. 气体

答案：A

782. 下列选项中，(　　)不是造成 BOG 压缩机冷却水系统压力低的原因。

A. 冷却水蓄能器氮气压力低　　B. 冷却水泵性能下降

C. 冷却水温度升高　　D. 冷却水泵入口过滤器堵塞

答案：C

783.(　　)会导致 BOG 压缩机冷却水系统压力降低。

A. BOG 压缩机出口温度低　　B. 冷却水泵性能下降

C. 冷却水温度升高　　D. 压力表损坏

答案：B

784. BOG 压缩机润滑油系统主要由主油泵、辅油泵、油过滤器、油压表、温度计、油视镜和(　　)组成。

A. 油冷器　　B. 曲轴箱　　C. 主轴瓦　　D. 连杆小头瓦

答案：A

785. BOG 压缩机润滑油系统中从润滑件流出的润滑油被收集在一个油盘中，该盘是(　　)的一部分。

A. 曲轴箱　　B. 十字头　　C. 主轴瓦　　D. 油冷器

答案：A

786. 下列选项中，(　　)不会造成压缩机曲轴箱内的润滑油进入隔离腔。

A. 填料函损坏　　B. 刮油环损坏

C. 刮油环反装　　D. 曲轴箱压力大于隔离腔压力

答案：A

787. 压缩机隔离腔进入润滑油可能会造成(　　)。

A. 曲轴箱压力过高　　B. 十字头润滑不充分

C. 排油管路堵塞　　D. 填料函损坏

答案：B

788. BOG 压缩机入口需设置入口分液罐分离 BOG 气体中液滴，下列对其原因描述错误的是(　　)。

A. 当储罐压力低于 BOG 气体的饱和蒸汽压时，BOG 气体中可能夹带 LNG 液滴被抽入压缩机

B. 当接收站工艺系统 TSV 旁路内漏时，BOG 管网中可能存在 LNG 液滴

C. 工艺操作失误出现液相管线串入气相管线

D. 防止发生 BOG 汇管泄漏

答案：D

789. BOG 压缩机入口分液罐上部设计安装了(　　)，作用是防止 LNG 小液滴进入 BOG 压缩机入口。

A. 捕雾装置　　B. 喷雾装置　　C. 除尘装置　　D. 捕尘装置

答案：A

790. BOG 压缩机入口分液罐的作用是(　　)。

A. 调流量　　B. 防止带液　　C. 升温　　D. 降温

答案：B

791. 下列关于 BOG 压缩机入口分液罐的作用说法错误的是(　　)。

A. 除去气体中夹带的小液滴　　B. 使气体膨胀降温

C. 保护 BOG 压缩机　　D. 减少 BOG 气体气流脉动

答案：B

792. 在处理压缩机润滑油过滤器脏堵时，(　　)，再拆脏堵过滤器。

A. 不投用备用设备　　B. 先投用备用过滤器

C. 后投备用过滤器　　D. 可短时间不用过滤器

答案：B

793. 介质通过过滤器后在过滤器的进口和出口会产生(　　)。

A. 压力　　B. 重力　　C. 压差　　D. 流量差

答案：C

794. 接收站燃料气的主要去处不包括(　　)。

A. 食堂　　B. 火炬长明灯　　C. SCV　　D. ORV

答案：D

795. 接收站燃料气来源不包括(　　)。

A. BOG 压缩机出口　B. ORV 出口　　C. SCV 出口　　D. 高压泵出口

答案：D

796. 下列选项中，(　　)不是接收站燃料气的用途。

A. 冷火炬长明灯　　B. SCV 燃料　　C. 站内燃料　　D. 锅炉燃料

答案：C

797. 当电加热器出口温度偏高时，应(　　)。
A. 降低电加热器功率　　B. 提高电加热器功率
C. 降低电加热器电压　　D. 提高电加热器电压
答案：A

798. 下列对空浴式燃料气加热器工作原理描述正确的是(　　)。
A. 利用空气的流动来加热燃料气　　B. 利用电能加热燃料气
C. 利用蒸汽加热燃料气　　D. 利用热水浴加热燃料气
答案：A

799. 以下不属于燃料气电加热器组成部分的是(　　)。
A. 多支管件状电热元件　　B. 筒体
C. 导料隔板　　D. 低速联轴器
答案：D

800. 下列关于电加热器加不上热的原因说法错误的是(　　)。
A. 电加热元件坏　　B. 控制系统故障　　C. 流量太低　　D. 控制盘未启运
答案：C

801. 高空火炬发生回火的主要原因是(　　)。
A. 火炬未处于氮气或燃料气微正压保护
B. 火炬燃料气压力过大
C. 火炬点火时混合气中空气含量过高
D. 火炬底部水封失效
答案：A

802. 高空火炬在自动点火程序下点火，肉眼观察火炬已经点燃，但是点火盘仍然按照自动点火程序在循环点火，原因可能是(　　)。
A. 火炬点火电压过高　　B. 火炬火花塞故障
C. 火炬点火盘阀门故障　　D. 火炬头温度传感器损坏
答案：D

803. 高空火炬系统由火炬分液罐、火炬、电加热器和(　　)组成。
A. 点火控制盘　　B. 遥控器　　C. 温度控制器　　D. 液位控制器
答案：A

804. 以下属于高空火炬系统优点的是(　　)。
A. 占地面积大　　B. 检修方便
C. 适用于处理有毒有害气体　　D. 辐射范围小
答案：C

805. 下列关于地面火炬分级控制说法错误的是(　　)。
A. 适应不同工况　　B. 适应排放气流量变化
C. 通过排放气的压力控制　　D. 各级燃烧器同时打开
答案：D

806. 下列不属于地面火炬组成的是(　　)。

A. 防风墙　　B. 分级燃烧系统　　C. 自动点火装置　　D. 水封

答案：D

807. 下列属于地面火炬优点的是(　　)。

A. 不会发生火雨　　B. 占地面积小

C. 能处理有毒有害组分气体　　D. 处理能力大

答案：B

808. 火炬分液罐是火炬系统的主要组成部分，火炬分液罐主要由罐体、附属管道、检测仪表及(　　)组成。

A. 电伴热　　B. 水封　　C. 气封　　D. 传火管

答案：A

809. 下列选项中，(　　)不是造成火炬分液罐液位升高的原因。

A. 槽车区 LNG 管线安全阀旁路内漏　　B. 码头卸料主管上热膨胀安全阀旁路内漏

C. 气化器入口安全阀内漏　　D. 再冷凝器上压力安全阀内漏

答案：D

810. 为防止火炬出现火雨，火炬分液罐一般设有(　　)。

A. 电伴热　　B. 保温层　　C. 电加热器　　D. 安全阀

答案：C

811. 火炬分液罐的作用是(　　)。

A. 装置排放物在分液罐进行气液分离，其中气体排至火炬燃烧，液体由泵送至分液罐

B. 防止火炬燃烧物带液燃烧，出现下火雨现象

C. 装置排放物在分液罐进行气液分离，其中气体排至火炬燃烧，液体由泵送至污油罐

D. 防止重质组分在火炬系统中燃烧不完全，堵塞火炬

答案：B

812. 轻烃回收装置实现精馏这一分离功能的设备是(　　)。

A. 脱甲烷塔和脱乙烷塔　　B. 脱甲烷塔

C. 脱乙烷塔　　D. 闪蒸罐

答案：A

813. 按塔板类型分类，轻烃回收装置脱甲烷塔、脱乙烷塔均属于(　　)。

A. 填料塔　　B. 筛板塔　　C. 泡罩塔　　D. 浮阀塔

答案：D

814. 化工行业中应用广泛的塔设备，根据单元操作可分为吸收塔、萃取塔、精馏塔、反应塔等，轻烃回收装置脱甲烷塔、脱乙烷塔均属于(　　)。

A. 吸收塔　　B. 精馏塔　　C. 反应塔　　D. 萃取塔

答案：B

815. 轻烃回收装置脱甲烷塔的塔盘材质属于(　　)。

A. 碳钢　　B. 不锈钢　　C. 耐低温不锈钢　　D. 低温碳钢

答案：C

816. 轻烃回收装置脱甲烷塔、脱乙烷塔的工作原理相同，都是利用了进料中(　　)。
A. 各组分含量不同　　B. 各组分熔点不同
C. 各组分密度不同　　D. 各组分沸点不同，
答案：D
817. 化工行业为达到分离液体混合物的目的，广泛采用的方法是(　　)。
A. 过滤　　B. 精馏　　C. 蒸发　　D. 萃取
答案：B
818. 轻烃回收装置脱甲烷塔塔板上设计有浮阀，直接决定浮阀开度大小的是(　　)。
A. 塔的进料大小　　B. 塔顶产品采出量
C. 塔内上升气相的大小　　D. 塔底产品采出量
答案：C
819. 有关轻烃回收装置脱甲烷塔、脱乙烷塔塔顶回流作用的描述，错误的是(　　)。
A. 降低装置能耗　　B. 维持塔内热量平衡
C. 提供塔板的液相回流　　D. 可以提高塔顶产品的纯度
答案：A
820. 以下有关轻烃回收装置低温泵类型的叙述中，错误的是(　　)。
A. 筒袋泵　　B. 离心泵　　C. 卧式泵　　D. 潜液泵
答案：C
821. 轻烃回收装置以下机泵中，不属于立式筒型多级潜液泵的是(　　)。
A. LNG 升压泵　　B. 脱甲烷塔级间回流泵
C. 闪蒸汽凝液泵　　D. 脱乙烷塔回流泵
答案：D
822. 轻烃回收装置低温筒袋泵启动前不需要进行的操作是(　　)。
A. 打开最小回流线调节阀至一定开度　　B. 全开出口管线阀门
C. 关闭保冷循环线阀门　　D. 检查电气接线箱氮封压力
答案：B
823. 以下不属于轻烃回收装置脱甲烷塔级间回流泵作用的是(　　)。
A. 调节脱甲烷塔釜液位　　B. 调节脱甲烷塔级间液位
C. 降低脱甲烷塔釜重沸器蒸汽负荷　　D. 为脱甲烷塔重沸器提高进料
答案：A
824. 轻烃回收装置的闪蒸冷凝器和塔顶冷凝器共同组成集成式冷箱，冷箱的作用不包括(　　)。
A. 预热闪蒸罐进料　　B. 冷凝脱甲烷塔顶气
C. 降低闪蒸罐进料的温度　　D. 冷凝闪蒸罐闪蒸
答案：C
825. 轻烃回收装置由闪蒸冷凝器和塔顶冷凝器共同组成的集成式冷箱，其部件包括壳体、板翅式换热元件、充氮系统、人孔和(　　)。
A. 膨胀节　　B. 呼气筒　　C. 液位计　　D. 爆破片
答案：B

826. 有关轻烃回收装置闪蒸冷凝器和塔顶冷凝器组成的集成式冷箱特点的叙述，错误的是(　　)。

A. 结构紧凑　　B. 能耗低　　C. 换热效率高　　D. 不易堵塞，容易检修

答案：D

827. 轻烃回收装置使用的低温阀门类型包括低温截止阀、低温球阀、低温止回阀和(　　)。

A. 低温蝶阀　　B. 低温隔膜阀　　C. 低温闸阀　　D. 低温旋塞阀

答案：A

828. 轻烃回收装置脱乙烷塔重沸器的作用是(　　)。

A. 为脱甲烷塔提供气相　　B. 为脱甲烷塔提供液相回流

C. 为脱乙烷塔提供气相　　D. 为脱乙烷塔提供液相回流

答案：C

829. 轻烃回收装置脱甲烷塔重沸器的组成部件包括壳体、传热管束、管箱、折流板和(　　)。

A. 膨胀节　　B. 固定鞍座　　C. 压力表　　D. 液位计

答案：B

830. 有关轻烃回收装置重沸器的叙述，正确的是(　　)。

A. 属于管壳式换热器　　B. 管束中介质为工艺物料

C. 不耐高温、高压　　D. 壳体介质为低压蒸汽

答案：A

831. 以下有关轻烃回收装置脱甲烷塔重沸器折流板的作用，叙述错误的是(　　)。

A. 设置在壳程　　B. 改变流体流向

C. 撑管束　　D. 降低重沸器传热效果

答案：D

832. 以下关于精馏原理的叙述，错误的是(　　)。

A. 利用各组分沸点的不同　　B. 利用组分间密度的不同

C. 利用各组分的相对挥发度不同　　D. 适用于液体混合物的分离

答案：B

833. 以下不属于精馏操作中必须遵守的“三个平衡”的是(　　)。

A. 热量平衡　　B. 汽液平衡　　C. 物料平衡　　D. 蒸汽平衡

答案：D

834. 有关回流比的叙述，错误的是(　　)。

A. 提高回流比可以提高塔顶产品纯度　　B. 塔顶产品流量与塔顶回流量之比

C. 回流比越高，能耗越高　　D. 回流比可能无穷大

答案：B

835. 评价精馏操作的指标中，不包括(　　)。

A. 产品纯度　　B. 操作费用　　C. 产品采出量　　D. 组分回收率

答案：C

836. 轻烃回收装置进料为富含乙烷、丙烷等组分的 LNG 富液，该富液具有的特点不包括(　　)。

A. 易燃易爆　　B. 易蒸发　　C. 低温　　D. 不易膨胀

答案：D

837. 轻烃回收装置处理的是 LNG 富液，该富液的主要成分除了甲烷以外，还含有热值较高的(　　)和丙烷。

A. CH_4　　B. C_2H_6　　C. CH_4O　　D. C_2H_4

答案：B

838. 轻烃回收装置分离出的乙烷产品中不可能含有的组分是(　　)。

A. 甲烷　　B. 丙烷　　C. 氮气　　D. 甲醇

答案：D

839. 轻烃回收装置分离出的乙烷产品中可能含有极少量的(　　)。

A. 甲烷或丙烷　　B. 甲醇　　C. 乙烯　　D. 乙醇

答案：A

840. 轻烃回收装置轻烃产品罐区乙烷存储系统由乙烷球罐、乙烷换热器和(　　)组成。

A. 乙烷过冷器　　B. 乙烷循环泵　　C. 脱乙烷塔　　D. 乙烷产品增压泵

答案：B

841. 下列有关轻烃回收装置罐区乙烷循环系统的作用描述，错误的是(　　)。

A. 控制乙烷温度　　B. 乙烷换热器的冷源来自 LNG 储罐

C. 控制乙烷罐压力　　D. 控制乙烷罐液位

答案：D

842. 下列有关轻烃回收装置罐区乙烷循环泵的描述，正确的是(　　)。

A. 泵入口物料来自乙烷罐顶　　B. 泵出口管线较入口管线要粗

C. 泵出口管线设计有安全阀　　D. 泵出口物料直接返回乙烷球罐

答案：C

843. 关于轻烃回收装置混合轻烃球罐事故注水流程描述，错误的是(　　)。

A. 混合轻烃球罐底部法兰泄漏不可以往罐内注水

B. 注水可作为堵漏作业的应急措施

C. 原理利用了物质的不互溶

D. 原理利用了物质的密度差

答案：A

844. 轻烃回收装置压力安全阀(PSV)安装于设备的(　　)位置。

A. 中部　　B. 底部　　C. 上部　　D. 不固定

答案：C

845. 有关轻烃回收装置热膨胀安全阀(TSV)的叙述，错误的是(　　)。

A. 与设备或管线通过法兰连接　　B. 主要用于液体场合

C. 保护管线不超压　　D. 定压值可以随意更改

答案：D

846. 轻烃回收装置热膨胀安全阀(TSV)起跳后，应首先(　　)。
A. 确认起跳压力是否正常　　B. 木锤敲击，使安全阀回座
C. 立即关闭上游阀门　　D. 立即关闭下游阀门
答案：A
847. 轻烃回收装置塔、罐设计有两台压力安全阀，且按一开一备设置，下列有关备用压力安全阀流程的设置正确的是(　　)。
A. 上游阀锁关、下游阀锁开　　B. 上游阀锁关、下游阀锁关
C. 上游阀常关、下游阀常开　　D. 上游阀常关、下游阀常关
答案：A
848. 以下有关轻烃回收装置低温筒袋泵的作业中，需要加盲板隔离的是(　　)。
A. 机泵预冷　　B. 机泵计划吊出检修
C. 机泵干燥置换　　D. 机泵物料倒空
答案：B
849. 以下气体，用于轻烃回收装置低温筒袋泵干燥置换的是(　　)。
A. 工业风　　B. 仪表风　　C. 低压氮气　　D. 高压氮气
答案：C
850. 以下选项中，可以实现机泵交检修前可靠隔离的是(　　)。
A. DCS 控制阀关闭　　B. DCS 控制阀加现场阀门关闭
C. 现场阀门关闭　　D. 与工艺相连管道加隔离盲板
答案：D
851. 轻烃回收装置 LNG 低温筒袋泵干燥置换主要是为了除去泵筒及相连管线中含有的(　　)。
A. 水分　　B. 氧气　　C. 水分和氧气　　D. 可燃气
答案：C
852. 轻烃回收装置升压泵投用零输出跨泵保冷循环的目的是(　　)。
A. 保证升压泵入口总管处于冷态
B. 保证升压泵回流线处于冷态
C. 保证升压泵出口总管处于冷态
D. 保证升压泵出、入口总管处于冷态
答案：D
853. 需要投用轻烃回收装置升压泵零输出保冷循环的情形是(　　)。
A. 升压泵准备启动前　　B. 升压泵启动后
C. 升压泵全部停运后　　D. 轻烃回收装置准备开车前
答案：C
854. 有关轻烃回收装置升压泵零输出跨泵保冷循环的叙述，错误的是(　　)。
A. 介质来自 LNG 储罐
B. 作用是维持升压泵泵筒满液位
C. 最终去向是 LNG 储罐

D. 升压泵全部停运后投用零输出跨泵保冷循环

答案：B

855. 轻烃回收装置以下机泵中，停车后需投用零输出跨泵保冷循环的是(　　)。

A. 高压泵　　B. 脱甲烷塔进料泵　　C. 闪蒸汽凝液泵　　D. 升压泵

答案：D

856. LNG 低温泵设备铭牌的内容一般不包括(　　)。

A. 电机功率　　B. 额定流量　　C. 关键部件　　D. 额定扬程

答案：C

857. LNG 低温泵铭牌上标注的额定扬程表示的意义为(　　)。

A. 在最小流量下，单位质量 LNG 经泵所获得的水头

B. 在额定流量下，单位质量 LNG 经泵所获得的水头

C. 在最大流量下，单位质量 LNG 经泵所获得的水头

D. 在任何流量下，单位质量 LNG 经泵所获得的水头

答案：B

858. LNG 低温泵铭牌中的轴功率较泵的电机功率(　　)。

A. 大　　B. 相同　　C. 小　　D. 无法判断

答案：C

859. 常见压缩机铭牌上一般不包括(　　)。

A. 吸排气压力　　B. 生产日期　　C. 生产厂家名称　　D. 电机尺寸

答案：D

860. 以下不属于球阀铭牌内容的是(　　)。

A. 型号　　B. 整定压力　　C. 出厂日期　　D. 公称通径

答案：B

861. 阀门的铭牌中，类型代号字母 Z 代表的是(　　)。

A. 闸阀　　B. 截止阀　　C. 球阀　　D. 止回阀

答案：A

862. 阀门铭牌标识 J 41Y－16 *DN*50 中，数字及字母含义表述错误的是(　　)。

A. 4—表示法兰的连接方式

B. 1—表示直通式的阀门

C. Y—表示阀门的阀座密封面或衬里的材料是硬质合金

D. 16－公称压力 16MPa

答案：D

863. 公称通径大于或等于 50mm 的阀门在进行标识时，(　　)不是必须永久性地标识在阀体上的。

A. 公称通径 *DN*　　B. 制造厂名或商标

C. 受压部件材料代号　　D. 阀门连接形式

答案：D

864. 下列不属于盘车方法的是(　　)。

A. 点动启动电机盘车　　B. 手动盘车
C. 机械盘车　　D. 电动盘车
答案：A
865. 对 BOG 压缩机进行手动盘车时，应(　　)。
A. 必须对压缩机断电　　B. 关闭压缩机进出口阀
C. 有人监护　　D. 无须启动润滑油泵
答案：C
866. 下面对压缩机盘车说法错误的是(　　)。
A. 润滑油系统开启后才可盘车　　B. 盘车在压缩机启动前进行
C. 盘车在压缩机备用期间定期进行　　D. 只要是压缩机就有盘车装置
答案：D
867. 关于 BOG 压缩机盘车操作，下列说法不正确的是(　　)。
A. 润滑油泵启动　　B. 循环水投用，油路各阀门开关正确
C. 油压正常　　D. 盘车时无须人员监控
答案：D
868. 中国石化进入受限空间作业安全管理规定要求受限空间作业中断(　　)以上再次作业前，应重新对环境条件和安全措施进行确认，当作业内容和环境条件变更必须重新办理许可证。
A. 0.5h　　B. 1h　　C. 2h　　D. 4h
答案：B
869. 受限空间与其他系统连通的可能危及安全作业的管道应采取有效隔离措施，管道安全隔离措施应该(　　)。
A. 加盲板或拆除一段管道　　B. 水封
C. 关闭阀门　　D. 止逆阀
答案：A
870. 关于受限空间作业，下列说法错误的是(　　)。
A. 受限空间外应设置安全警示标志，备有呼吸器、消防器材和清水等相应应急物品
B. 受限空间进出口应保持畅通
C. 作业人员应将手机带入受限空间以便对外联系
D. 有噪声产生的受限空间，应佩戴耳塞或耳罩等防噪声护具
答案：C
871. 中国石化进入受限空间作业安全管理规定要求作业前(　　)应根据设备的工艺条件对受限空间进行气体分析，分析合格后方可进入。作业中断超过(　　)，应重新进行分析。
A. 30min　30min　　B. 30min　60min
C. 60min　30min　　D. 60min　60min
答案：B

872. 中国石化盲板抽堵作业安全管理规定要求距盲板抽堵作业点(　　)内不得有用火、采样、放空、排放等其他作业。

A. 10m　　B. 20m　　C. 30m　　D. 40m

答案：C

873. 下列有关盲板抽堵作业监护人职责的叙述，错误的是(　　)。

A. 负责盲板抽堵作业现场的监督和检查，发现异常情况应立即通知作业人员停止作业，并及时联系有关人员采取措施

B. 应坚守岗位，不得脱岗，承担多个盲板抽堵作业监护人时，要兼顾各个作业现场

C. 当发现盲板抽堵作业人违章作业时应立即制止

D. 作业完成后，要会同作业人员检查、清理现场，确认无误后方可离开现场

答案：B

874. 盲板抽堵作业时拆除最后两条对称螺栓前应再次确认管道设备内无(　　)。

A. 介质　　B. 压力　　C. 空气　　D. 液位

答案：B

875. 同一管道一次只允许进行(　　)点的盲板抽堵作业。

A. 一　　B. 二　　C. 三　　D. 四

答案：A

876. 中国石化规定特级、一级用火许可证有效时间不超过(　　)。

A. 4h　　B. 6h　　C. 8h　　D. 10h

答案：C

877. 用火分析合格判定：当可燃气体爆炸下限大于4%时，分析检测数据小于(　　)为合格；当可燃气体爆炸下限小于4%时，分析检测数据小于(　　)为合格。

A. 0.3%　0.2%　　B. 0.5%　0.2%

C. 0.4%　0.5%　　D. 0.6%　0.1%

答案：B

878. 设备外部用火，应在不小于用火点(　　)范围内对大气环境进行检测。

A. 10m　　B. 20m　　C. 30m　　D. 40m

答案：A

879. 下列不符合施工现场用火作业要求的是(　　)。

A. 在用火作业过程中，当作业内容或作业环境发生变化时，应立即停止作业，许可证同时废止

B. 用火作业人员应在用火点的上风向作业，并避开介质和封堵物可能射出的方向

C. 严禁在裸露的可燃材料上直接进行动火作业

D. 六级(含六级)以上风力时，原则上禁止露天用火作业，因生产确需用火，用火作业应升级管理

答案：D

880. 下列不需要做防冻防凝工作的是(　　)。

A. LNG罐内泵　　B. 污水提升泵　　C. 在用的水管线　　D. 消防管线

答案：A

881. 下列防冻防凝工作说法错误的是(　　)。

A. 检查水管不流动部位　　B. 蒸汽管检查不流动部位

C. 蒸汽管检查低温排凝部位　　D. 有伴热的管线不需要检查

答案：D

882. 下列不属于机泵防冻防凝措施是(　　)。

A. 排净泵内液体

B. 增加伴热

C. 断电

D. 轻度打开泵出口止回阀的旁通阀，打开泵进口阀，将在用泵的流体经备用泵体回流

答案：C

883. 非净化风线的防冻防凝说法错误的是(　　)。

A. 因为是风，所以不用做防冻防凝　　B. 低点少量排空

C. 低点脱水　　D. 管线保温

答案：A

884. 对设备进行检修时，管道与生产系统完全隔离的方法有(　　)。

A. 加盲板法、泥土填充隔离法　　B. 泥土填充隔离法、拆除管线法

C. 加盲板法、拆除管线法　　D. 拆除管线法、泥土填充隔离法

答案：C

885. 工艺系统管线的检修常采用的机械隔离方式不包括(　　)。

A. 关闭压缩机进出口切断阀

B. 将流体管线上的阀门关闭和上锁

C. 将设备进出口管线上的 8 字盲板由通变盲

D. 切断压缩机电源

答案：D

886. (　　)不能单独作为物料隔离装置，两位开关阀可以作为隔离阀门但必须是故障关模式，且切断驱动动力。

A. 手动控制阀　　B. 截止阀　　C. 自动控制阀　　D. 闸阀

答案：C

887. 工艺隔离隔离方法按从高级到低级顺序，以下正确的是(　　)。

A. 拆卸隔离法、截断加盲板、双截断加放泄隔离法、单截断阀

B. 拆卸隔离法、双截断加放泄隔离法、截断加盲板、单截断阀

C. 双截断加放泄隔离法、拆卸隔离法、截断加盲板、单截断阀

D. 双截断加放泄隔离法、截断加盲板、拆卸隔离法、单截断阀

答案：A

888. 红外测温仪不适用于下列物体测量温度(　　)。

A. 电动机表面温度　　B. 管道内部蒸汽的温度

C. 电气设备表面温度　　D. 地表温度

答案：B

889. 红外测温仪的组成不包括(　　)。
A. 信号放大器　B. 显示器　C. 探测器　D. 无线电接收器
答案：D
890. 红外测温仪最好不用于(　　)的金属表面测温。
A. 温度超过 100℃　B. 带电　C. 光亮　D. 腐蚀
答案：C
891. 为了避免损坏红外测温仪，在使用后应(　　)。
A. 放入专用清洗液中清洗，洗完后用软棉布擦拭
B. 先用压缩空气清除大的颗粒和灰尘，再用布擦拭
C. 随便放在一边
D. 进行校验
答案：B
892. 下列不是 LNG 接收站内常用油脂的是(　　)。
A. 液压油　B. 齿轮油　C. 压缩机油　D. 高压泵油
答案：D
893. 设备工作环境温度较高时选用润滑油或润滑脂的标准说法错误的是(　　)。
A. 黏度较大的润滑油　B. 闪点较高的润滑油
C. 进口润滑油　D. 滴点较高的润滑脂
答案：C
894. 向设备加注润滑油应经过(　　)。
A. 一级过滤　B. 二级过滤　C. 三级过滤　D. 四级过滤
答案：C
895. 设备润滑五定：定时、定点、定质、定量、(　　)。
A. 定标号　B. 定品牌　C. 定人　D. 定设备
答案：C
896. 判断恒压系统压力表完好的依据是(　　)。
A. 压力表指示不为零
B. 压力表指针在晃动
C. 关闭压力表泄压、压力回零，再次投用时压力恢复到以前的值
D. 压力表指示没有超过量程的 3/4
答案：C
897. 下列选项中，能判断现场压力表是假指示的是(　　)。
A. 现场压力波动较大　B. 根部阀关闭压力表指针不能回到零
C. 压力指示超量程　D. 压力表没指示
答案：B
898. 压力无指示或不变化、压力表指针不回零、压力表指针有跳动或停滞现象。以下选项中，不属压力表故障的是(　　)。
A. 指针不在零位　B. 指针跳动　C. 导压管路有渗漏　D. 指示值偏低
答案：C

899. 以下选项中，不属压力表常见故障的是(　　)。

A. 压力去掉后，指针不回零　　B. 压力表指针有跳动或呆滞现象

C. 指针不能指示到上限刻度　　D. 接头螺纹损坏

答案：D

900. 下面选项(　　)说明液位计失灵。

A. 提高或降低阀位给定值，阀位动作后液位不发生变化

B. 液位始终处在满量程

C. 液位计指示与同一容器其他液位计指示不同

D. 液位波动大

答案：A

901. 液位计失灵时，以下说法正确的是(　　)。

A. 液位回零

B. 液位不随操作条件变化而发生变化

C. 液位计指示与同一容器其他液位计指示不同

D. 液位满量程

答案：B

902. 磁翻转液位计若翻板翻转不正常时，可以用(　　)校正。

A. 螺丝帽　　B. 螺丝刀　　C. 液位　　D. 磁铁

答案：D

903. 当伺服液位计的测量筒内有障碍物时，浮子将被卡住，此时变送器将显示(　　)。

A. 显示故障符号　　B. 显示有障碍物处的液位，一条直线

C. 将没有显示　　D. 其他选项都有可能

答案：B

904. 下列选项中，不属于每日装车操作前检查项目的是(　　)。

A. 检查撬内阀门、软管、静电接地夹是否处于正常状态

B. 检查各法兰接口有无渗漏，检查各密封点有无泄漏

C. 尝试多角度移动装车臂并目视检查，注意可能出现的任何异常情况

D. 对装车撬仪表进行校验，包括质量流量计、压力变送器、温度变送器等

答案：D

905. 下列选项中，不属于装车月度检查项目的是(　　)。

A. 检查所有旋转接头

B. 检查氮气、仪表风管线及部件是否有漏气现象

C. 对装车臂弹簧缸进行检修，缸筒内加入少量润滑油

D. 检查氮气金属软管

答案：C

906. 每台装车臂需单独建立运行记录台账，作为装车撬设备管理基础台账，下列无须记录的是(　　)。

A. 装车撬定期检查情况记录　　B. 运行异常情况记录

C. 维修情况记录　　D. 装车撬制造标准

答案：D

907. 下列选项，不是装车臂日常维护保养检查要点的是(　　)。

A. 尝试多角度移动装车臂并目视检查

B. 拆检压力变送器是否显示正常

C. 检查所有旋转接头是否灵活好用

D. 检查氮气金属软管是否存在泄漏现象

答案：B

908. 下列设备验收内容中，不属于外观检查的是(　　)。

A. 润滑油脂　　B. 非加工表面　　C. 管缆布置　　D. 焊接结构件

答案：A

909. 压力容器不属于外观检查的内容是(　　)。

A. 外表面的腐蚀、保温层的破损、脱落

B. 支承或支座的损坏、基础下沉、倾斜、开裂

C. 壁厚测定、无损检测、水压试验

D. 检漏孔、信号孔的漏液、漏气

答案：C

910. 不属于设备混凝土基础外观质量要求的是(　　)。

A. 设备基础外表面应无裂纹、空洞、掉角、露筋

B. 承压试验后，基础表面无明显损坏

C. 设备基础表面和地脚螺栓预留孔中油污、碎石、泥土、积水等应清除干净

D. 地脚螺栓预留孔内应无露筋、凹凸等缺陷，孔壁应垂直

答案：C

911. 下列选项中，不属于设备外观检查项目的是(　　)。

A. 检查设备、材料的标志、封印、备品、备件是否完整无缺

B. 按规定的技术或标准要求，对到货设备、材料的表观质量进行检查，对裂纹、防腐质量进行检查

C. 设备外观尺寸，管口开口方向，内部支撑件安装质量进行检查

D. 设备可靠性和维修性的优劣，设备的机械化、自动化程度

答案：D

912. 设备巡检时对润滑油位进行检查，润滑油量符合要求的是(　　)。

A. 加满　　B. 只要有油就行

C. 小于 1/2　　D. 大于 1/2 小于 2/3

答案：D

913. 巡检时发现一台水泵运行声音较大，并且出口压力波动，请问最可能的原因是(　　)。

A. 电流过大　　B. 电机转速低　　C. 润滑油不足　　D. 入口过滤器堵塞

答案：D

914. 巡检风机时常规检查项目表述最准确的是(　　)。

A. 振动，润滑油油质，温度，地脚螺丝，异响

B. 振动，转速，润滑油油质、油量，温度，地脚螺丝，异响

C. 转速，风门开度，润滑油油质油量，温度，流量

D. 振动，转速，温度，异响

答案：B

915. 巡检时，随身携带的工具不包括(　　)。

A. 手电筒　　B. 铁锹　　C. 扳手　　D. 巡检仪

答案：B

916. LNG 管线泄漏最明显的特征是(　　)。

A. 泄漏点管线不会结霜　　B. 异常声响

C. 可燃气体报警　　D. 挥发出白色烟雾

答案：D

917. 造成机泵泄漏的主要原因是(　　)。

A. 密封有间隙　　B. 密封面两侧有压差

C. 密封有间隙或密封面两侧有压差　　D. 无法确定

答案：C

918. ORV 入口阀门关闭以后，过一段时间阀门下游(　　)，就可以判定阀门内漏。

A. 升温太慢　　B. 压力不变　　C. 压力下降　　D. 压力上升

答案：A

919. LNG 接收站内的排凝罐内设有(　　)，可以在中控室通过监测(　　)变化判断存在 LNG 排凝管线内漏现象。

A. 液位测量变送器　液位　　B. 组分测量变送器　组分

C. 温度测量变送器　温度　　D. 压力测量变送器　压力

答案：C

920. 非金属垫片包括硬纸板、橡胶类、石棉类、石墨类等，属于(　　)。

A. 软质垫片　　B. 硬质垫片　　C. 液体密封垫片　　D. 填料

答案：A

921. 具有密封性好、密封面结构简单、耐腐蚀、成本低、适用面广等优点的是(　　)。

A. 软质垫片　　B. 硬质垫片　　C. 液体密封胶　　D. 填料

答案：C

922. 以下不属于非金属垫片的是(　　)。

A. 石墨橡胶垫片　　B. 聚四氟乙烯垫片

C. 橡胶石棉板垫片　　D. 金属缠绕式垫片

答案：D

923. 按照材质进行分类，垫片可分为非金属软垫片、金属垫片和(　　)。

A. 金属复合垫片　　B. 塑料垫片　　C. 高压垫片　　D. 高温垫片

答案：A

924. 下列均属于接触式密封的是(   )。
A. 填料密封和普通机械密封
B. 迷宫密封和垫片密封
C. 浮环密封和机械密封
D. 浮环密封和干气密封
答案：A
925. 下列属于非接触式密封是(   )。
A. 填料密封和普通机械密封
B. 干气密封和"O"形圈密封
C. 浮环密封和泵耐磨环密封
D. 浮环密封和迷宫密封
答案：D
926. 一般水泵采用较多的密封方式是(   )。
A. 填料密封
B. 机械密封
C. 填料密封和机械密封混合
D. 不用密封
答案：A
927. 机械密封结构中动静环材质硬度要求是(   )。
A. 硬对硬 B. 硬对软 C. 软对硬 D. 软对软
答案：B
928. 不是按照检测原理分类的可燃气体检测仪类型是(   )。
A. 催化燃烧型 B. 红外线吸收型 C. 热导型 D. 扩散型
答案：D
929. 不属于可燃气体检测仪主要元件的是(   )。
A. 检测元件 B. 放大电路 C. 传输系统 D. 报警系统
答案：C
930. 以下说法中不正确的是(   )。
A. 家用可燃气体检测仪也可以叫作燃气报警器，主要用于检测家庭煤气泄漏，防止煤气中毒和回收煤气再利用
B. 当检测到可燃气体浓度达到一定数值时，可燃气体检测仪就会发出报警信号，以提醒工作人员采取安全措施
C. 可燃气体检测仪，主要用于检测空气中的可燃气体，常见的如氢气(H_2)、甲烷(CH_4)、乙烷(C_2H_6)、丙烷(C_3H_8)等
D. 按照使用环境可以分为工业用气体检测仪和家用燃气检测仪
答案：A
931. 以下不属于火焰检测仪分类的是(   )。
A. 紫外光火焰检测仪
B. 无线电波火焰探测仪
C. 可见光火焰探测仪
D. 红外光火焰探测仪
答案：B
932. 可见光火焰探测仪采用(   )作为传感元件。
A. 紫外光管 B. 可见光管 C. 光电二极管 D. 光敏电阻
答案：C
933. 选择不同类型火焰检测仪的依据是(   )。

A. 不同的燃烧中间产物所发射的光谱不完全一样
B. 不同的燃烧中间产物所发射的光谱完全不一样
C. 不同燃烧物火焰所发射的光谱不完全一样
D. 不同燃烧物火焰所发射的光谱完全不一样
答案：A

934. 可燃气体检测仪的安装高度应当根据(　　)来决定。
A. 气体的性质　　B. 检测仪的测量范围
C. 检测仪的探头材质　　D. 操作人员是否便于观察
答案：A

935. 可燃气体检测仪的周围不能有对仪表工作有影响的强电磁场，能够产生强电磁场的是(　　)。
A. ORV　　B. SCV　　C. 高压泵　　D. 变压器
答案：D

936. 火灾检测仪调试过程排序正确的是(　　)。
①接通电源，按下测试开关；②按下复位开关，报警装置恢复正常状态；③按下静音按钮，警铃应停止鸣响；④选择一个探头，采用专用测试灯使该保护区的检测报警系统报警；⑤检查电源电缆、信号电缆连接有无错误；⑥整个系统复位；⑦检查其他保护区检测仪。
A. ①⑤③④②⑥⑦　　B. ①⑤③④②⑦⑥
C. ⑤①④③②⑦⑥　　D. ⑤①④③②⑥⑦
答案：C

937. 以下不属于火灾检测仪调试内容的是(　　)。
A. 测试检测报警系统是否正常　　B. 测试报警控制盘是否正常
C. 测试系统的自动/手动功能是否正常　　D. 测试光谱检测是否准确
答案：D

938. 以下关于火焰检测仪维护保养说法错误的是(　　)。
A. 火焰检测仪应有专业人员进行维护、保养和管理
B. 当窗口玻璃模糊不清时，用沾水的软布进行清洗
C. 清洗或修理仪器时应关闭仪器电源
D. 应定期进行检查、维护
答案：B

939. 火焰探测仪宜安装在(　　)。
A. 该保护区域内最高目标高度 2 倍的地方
B. 该保护区域内最高目标高度 1.5 倍的地方
C. 该保护区域内最高目标高度 1 倍的地方
D. 该保护区域内最高目标高度 0.5 倍的地方
答案：A

940. 过滤器压差上升的原因有(　　)。
A. 入口过滤器堵塞　　B. 入口压力升高

C. 入口管线振动　　D. 入口存在气液共存

答案：A

941. 以下关于泵入口过滤器堵塞后的现象，说法错误的是(　　)。

A. 过滤器压差升高　　B. 泵出口压力降低

C. 泵入口压力升高　　D. 泵出口流量降低

答案：B

942. 投产后的 LNG 储罐补充珍珠岩时可能会导致(　　)。

A. 储罐产生 BOG 量增加　　B. 储罐保冷效果降低

C. 高压泵入口过滤器可能会堵塞　　D. 储罐内 LNG 温度升高

答案：C

943. 导致 BOG 压缩机入口过滤器压差偏高的原因有(　　)。

A. C_2换热器温度升高　　B. BOG 管网温度升高

C. 槽车贫液装车返气　　D. 轻烃装置停车放空气体进入 BOG 管网

答案：D

944. 离心泵启动时叶轮转动却不能输送液体，以下因素哪项不是产生该现象的原因？(　　)

A. 产生了汽蚀现象　　B. 产生了气缚现象

C. 出口阀门未打开　　D. 进口阀门未打开

答案：A

945. 下列选项中，不是离心泵机械密封漏水原因的是(　　)。

A. 机械密封胶失效

B. 机封的动、静环平面磨损

C. 外界温度过低

D. 电机轴预加热精度差、尺寸小，粗糙及轴颈锈蚀

答案：C

946. 下列关于罐内离心泵出现反转的现象，说法不正确的是(　　)。

A. 电机接线接反　　B. 出口液体倒流

C. 长时间反转叶轮会汽蚀　　D. 出口压力会超过额定压力

答案：D

947. (　　)会导致罐内离心泵出现反转。

A. 液位低　　B. 电机三相交流相序接错

C. 液位高　　D. 液位密度

答案：B

948. 随着自吸泵叶轮的密封间隙加大，其自吸的高度(　　)。

A. 先低后高　　B. 先高后低　　C. 越低　　D. 越高

答案：C

949. 自吸泵的自吸高度与(　　)无关。

A. 叶轮前密封间隙　　B. 泵的转速

C. 出口管线长度　　D. 分离室液面高度

答案：C

950. 自吸泵的核心部件是(　　)。

A. 叶轮　　B. 泵轴　　C. 轴承　　D. 泵体

答案：A

951. 下列不属于自吸泵的是(　　)。

A. 气液混合式　　B. 水环轮式　　C. 射流式　　D. 离心泵

答案：D

952. 自吸泵上水时间较长，导致这种情况出现的原因可能是(　　)。

A. 引水较少

B. 自吸泵进出水盖等部位有螺丝松动的现象

C. 进水管密封度不够

D. 以上原因都有可能

答案：D

953. 以下因素不可能导致自吸泵运行过程中过度发热的是(　　)。

A. 轴承磨损　　B. 滚动轴承或托架盖间隙过大

C. 缺油或油质不好　　D. 泵轴弯曲

答案：B

954. 在自吸泵工作过程中，有出水但是出水量不是很大，发生此现象的原因可能是(　　)。

A. 叶轮和壳体口环间隙过小　　B. 叶轮的水流管道太细

C. 其水泵内有存气　　D. 自吸泵下游管道太粗

答案：C

955. 自吸泵运行过程中出现杂音较大，造成此现象可能的因素是(　　)。

A. 轴承磨损严重　　B. 出口管路有杂物

C. 泵与电机主轴同心　　D. 地脚焊死

答案：A

956. 储罐液位出现低报时会导致离心泵振动(　　)。

A. 不变　　B. 偏低　　C. 偏高　　D. 无影响

答案：C

957. 罐内泵运行时出现振动值高报，可能引起的原因是(　　)。

A. 储罐液位高　　B. 振动探头故障

C. 储罐内 LNG 温度低　　D. 储罐内 BOG 压力偏高

答案：B

958. 离心泵振动偏高导致的后果(　　)。

A. 轴承损坏　　B. 储罐液位升高

C. 离心泵温度降低　　D. 离心泵流量升高

答案：A

959. 往复式压缩机油过滤器堵住导致轴承润滑油压(   )。

A. 升高　　B. 降低　　C. 无影响　　D. 先降低后升高

答案：B

960. 造成往复式压缩机加载/卸载压力异常的原因是(   )。

A. 取压点故障　　B. 电压不稳定　　C. 循环水温偏高　　D. 环境温度过低

答案：A

961. 消音器是阻止声音传播而允许气流通过的一种器件，是消除(   )的重要措施。

A. 空气动力性噪声　　B. 燃烧噪声　　C. 共振产生的噪声　　D. 环境噪声

答案：A

962. 消音器常见的安装地点不包括(   )。

A. 各类蒸汽安全阀出口　　B. 锅炉试车吹扫口

C. 振动设备基础　　D. 通风管道

答案：C

963. 一般是用厚度小于1mm的纯金属薄板制作，在薄板上用孔径小于1mm的钻头穿孔，穿孔率为1%~3%的消音器是(   )。

A. 微穿孔板消音器　　B. 小孔消音器　　C. 阻性消音器　　D. 有源消音器

答案：A

964. 消音器的种类很多，根据消声机理，以下不属于消音器种类的是(   )。

A. 阻性消音器　　B. 密孔消音器

C. 微穿孔板消音器　　D. 抗性消音器

答案：B

965. 衡量消音器好坏，主要考虑因素不包括(   )。

A. 消音器的消音性能　　B. 消音器的空气动力性能

C. 消音器的结构性能　　D. 消音器的耐久性能

答案：D

966. 辨别管道蒸汽消音器的性能主要有(   )和消声性能。

A. 气动性能　　B. 液击　　C. 压力损失　　D. 出口流速

答案：A

967. 消音器使用过程中可能出现的问题不包括(   )。

A. 振动　　B. 腐蚀　　C. 老化　　D. 温降

答案：D

968. 消音器使用过程中，需要控制的设计参数不包括(   )。

A. 工作压力　　B. 工作温度　　C. 工作湿度　　D. 工作流量

答案：C

969. 消音器常见故障不包括(   )。

A. 消音发出间歇性声音　　B. 消音器入口压力增大

C. 消音器出现严重腐蚀　　D. 消音器振动过大

答案：B

970. 视频监控系统的作用主要是(　　)。

A. 对被监控的场景实施实时监视和监听，同时实时地记录场景情况的变化以便事后查证

B. 对被监控的场景实施实时监视和监听

C. 实时地记录场景情况的变化以便事后查证

D. 对被监控的场景实施实时监视

答案：A

971. 视频监控系统一般由(　　)、显示和记录5个主要部分组成。

A. 前端摄像、传输、安防　　B. 前端摄像、传输、控制

C. 前端摄像、信号、安防　　D. 前端摄像、信号、控制

答案：B

972. 视频监控系统一般采用(　　)传输方式。

A. 视频　　B. 音频　　C. 有线　　D. 无线

答案：C

973. 下列选项不是基于有线传输方式的传输系统的是(　　)。

A. 双绞线缆传输系统　　B. 同轴电缆传输系统

C. 光纤传输系统　　D. Wi－fi传输系统

答案：D

974. 便携式可燃气体检测仪根据(　　)分为泵吸式和扩散式。

A. 检测原理　　B. 采样方式　　C. 传感器类型　　D. 物理化学性质

答案：B

975. 泵吸式可燃气体检测仪与扩散式可燃气体检测仪相比，主要特点是(　　)。

A. 检测速度快　　B. 检测数值准确　　C. 近距离检测　　D. 成本低

答案：A

976. 对于常见的可燃气浓度的检测一般使用(　　)，氧气及有毒气体检测器一般使用电化学传感器。

A. 半导体检测器　　B. 固体导热检测器

C. 催化燃烧检测器　　D. 光离子化检测器

答案：C

977. 可燃气体在空气中遇到明火种爆炸的最低浓度，称为爆炸下限，简称(　　)。

A. VOL　　B. LEL　　C. PPM　　D. %LEL

答案：B

978. 便携式可燃气体检测仪的检定周期不应超过(　　)，检定项目应符合技术规范要求。

A. 半年　　B. 一年　　C. 两年　　D. 三年

答案：B

979. 便携式可燃气体检测仪长期不用或其他环境因素，可能导致传感器不稳定，此时气体浓度会上升或闪烁，必须进行(　　)才能使用，否则影响测量准确性。

A. 零位调整　　B. 重新检定　　C. 重启仪器　　D. 更换传感器

答案：A

980. 使用便携式可燃气体检测仪进行检测时，防止(　　)进入仪器。

A. 有机气体　　B. 空气　　C. 氮气　　D. 水或水蒸气

答案：D

981. 下列选项中，不是火灾报警时应说明的内容的是(　　)。

A. 火势　　B. 起火部位　　C. 具体地址　　D. 消防栓情况

答案：D

982. 下列火灾报警后的注意事项描述错误的是(　　)。

A. 打完电话后，无须立即到交叉路口等候消防车的到来

B. 如果着火地区发生了新的变化，要及时报告消防队，使他们能及时改变灭火战术，取得最佳效果

C. 迅速组织人员疏通消防车道，清除障碍物，使消防车到火场后能立即进入最佳位置灭火救援

D. 引导消防车到达火灾现场

答案：A

983. 发现火灾应立即拨打(　　)报警电话。

A. 110　　B. 119　　C. 120　　D. 114

答案：B

984. 发现人员受伤应拨打(　　)急救电话。

A. 120　　B. 119　　C. 110　　D. 114

答案：A

985. 关于拨打 120 急救电话下列说法不正确的是(　　)。

A. 报告伤者所在位置　　B. 报告伤者伤势情况

C. 报告采取的临时急救措施　　D. 自己说完后立即挂断电话，继续进行救治

答案：D

986. 拨打急救电话时报告的主要内容不包括(　　)。

A. 受伤的人数　　B. 患者的姓名　　C. 地点　　D. 患者的伤情

答案：B

987. 关于拨打急救电话的描述错误的是(　　)。

A. 沉着冷静吐字清晰　　B. 描述简练准确

C. 加快语速以免耽误救治时间　　D. 留下联系电话

答案：C

988. LNG 蒸发气虽然无毒，但氧含量低于(　　)会造成人痉挛、呼吸停止、死亡。

A. 3%　　B. 6%　　C. 9%　　D. 12%

答案：B

989. 下列不属于 LNG 危害因素的是(　　)。

A. 低温冻伤　　B. 火灾　　C. 腐蚀　　D. 爆炸

答案：C

990. 密闭管道内 LNG 升温后除存在泄漏风险外，还存在(　　)风险。
A. 超压　B. 超温　C. 负压　D. 分层
答案：A
991. LNG 泄漏后首先进行的工艺处置为(　　)。
A. 干粉灭火　B. 消防水冲洗
C. 开启雨淋阀　D. 工艺隔离、泄压排凝
答案：D
992. BOG 的(　　)危害因素易导致冻伤。
A. 低温性　B. 可燃性　C. 窒息性　D. 易爆性
答案：A
993. BOG 在空气中的浓度达到 5%~15% 范围时存在(　　)危害。
A. 低温性　B. 剧毒　C. 窒息性　D. 易爆性
答案：D
994. 关于 BOG 总管法兰泄漏危害的描述不正确的是(　　)。
A. 窒息　B. 高压　C. 火灾　D. 冻伤
答案：B
995. 消防水管线少量泄漏的表现是(　　)。
A. 消防水管线无压力　B. 电动消防泵启动
C. 柴油消防泵启动　D. 消防稳压泵启动更加频繁
答案：D
996. 生活给水管线泄漏后处置方法正确的是(　　)。
A. 切断全场市政来水　B. 切断泄漏点上、下游阀门
C. 切断泄漏点上游阀门　D. 切断泄漏点下游阀门
答案：B
997. 生产给水管线法兰泄漏的处理方法是(　　)。
A. 如泄漏量不大无须处理　B. 应立即停生产水泵
C. 如泄漏量较小可直接紧固螺栓　D. 关闭市政水进口阀门
答案：C
998. 下列选项中，不适合作为碳钢生活水管线泄漏修补方法的是(　　)。
A. 泄漏点缠生料带　B. 泄漏点安装抱卡
C. 泄漏点补焊　D. 更换泄漏点管段
答案：A
999. 下列哪项最不符合仪表风管网末端泄漏的现象(　　)。
A. 微热再生干燥机水露点下降　B. 螺杆压缩机电流升高
C. 仪表风管网压力下降　D. 仪表风管网流量增大
答案：A
1000. 关于仪表风管线泄漏的说法正确的是(　　)。
A. 仪表风为干燥的压缩空气，无毒无害，泄漏可不处理

B. 仪表风管线泄漏点如无法切出可采用钢带捆扎压垫在线堵漏
C. 仪表风泄漏后应立即停压缩机泄压
D. 仪表风泄漏后应直接切断泄漏点上游阀门
答案：B
1001. 一台氮气气化器入口管线泄漏时下列处理方法合理的是(　　)。
A. 开大液氮罐自增压阀门提高液氮压力，避免氮气管网压力降低
B. 关闭液氮罐出口阀门，泄压后处理泄漏点
C. 投用另一台氮气气化器，将泄漏气化器切出维修漏点
D. 注意观察，不影响下游氮气使用时无须处理
答案：C
1002. 操作人员现场发现 LNG 管道泄漏后，处置方法错误的是(　　)。
A. 立即汇报泄漏位置及泄漏性质　　B. 疏散泄漏点附近人员
C. 立即到泄漏点进行工艺处置　　D. 做好现场警戒
答案：C
1003. 一条 LNG 卸料臂与船方连接法兰泄漏并冒少量白雾时，应(　　)。
A. 继续卸料，待卸料完成后处理
B. 按下码头区 ESD 按钮停止卸料
C. 停止该卸料臂使用、关闭相关阀门，排凝吹扫
D. 按下卸料臂紧急脱离 ESD 按钮，使卸料臂与船脱开
答案：C
1004. LNG/BOG 泄漏时，应引导周围无关人员立即向(　　)撤离。
A. 上风向　　B. 下风向　　C. 平坦区　　D. 安全区
答案：A
1005. LNG 大量泄漏与水接触会发生(　　)现象。
A. 燃烧爆炸　　B. 快速相变　　C. 结冰　　D. 雾化
答案：B
1006. LNG 少量泄漏时的现象描述正确的是(　　)。
A. 从泄漏点向外冒白气　　B. 像水一样向下滴
C. 迅速燃烧　　D. 管道压力迅速降低
答案：A
1007. LNG 泄漏后形成的冷气体初期比周围空气密度(　　)，易形成(　　)。
A. 重　旋涡　　B. 重　层流　　C. 轻　旋涡　　D. 轻　层流
答案：B
1008. LNG 刚泄漏至地面时汽化率(　　)，一段时间后(　　)。
A. 很低　持续降低然后升高　　B. 很低　趋近常数
C. 很高　趋近常数　　D. 很高　持续降低然后升高
答案：C
1009. LNG 大量泄漏后沿导液沟进入集液池，遇明火可能(　　)。

A. 不燃烧　　B. 形成喷射火灾　　C. 爆炸　　D. 发生池火

答案：D

1010. 双联过滤器在运行的一台堵塞时处理方法正确的是(　　)。

A. 隔离堵塞过滤器后清理滤芯

B. 投用另一路过滤器，将堵塞过滤器隔离后清理滤芯

C. 隔离堵塞过滤器，然后投用另一路过滤器，清理堵塞过滤器的滤芯

D. 投用另一路过滤器，在线清理堵塞过滤器的滤芯

答案：B

1011. 压缩空气管道过滤器堵塞后处理方法正确的是(　　)。

A. 关闭过滤器上下游阀门，打开导淋泄压后清理或更换滤芯

B. 关闭过滤器上下游阀门后清理或更换滤芯

C. 打开导淋阀排污后投用

D. 通过过滤器下游导淋口放空吹扫过滤器

答案：A

1012. 自动反冲洗过滤器压差偏高处理方法不合理的是(　　)。

A. 检查反冲洗过滤器排污阀开关是否正常

B. 检查反冲洗程序执行是否正常

C. 检查反冲洗过滤器入口法兰有无泄漏

D. 检查反冲洗过滤器清洗电机运行是否正常

答案：C

1013. 移动式干粉灭火器压力表箭头指向(　　)区域时属于正常使用状态。

A. 红色　　B. 绿色　　C. 黄色　　D. 白色

答案：B

1014. 下列(　　)是扑救电气火灾的最佳选择。

A. 化学灭火剂　　B. 干粉灭火剂　　C. 泡沫灭火剂　　D. 二氧化碳灭火剂

答案：D

1015. 推车式干粉灭火器(贮气瓶式)使用年限(　　)。

A. 6 年　　B. 8 年　　C. 10 年　　D. 12 年

答案：C

1016. 移动式干粉灭火器主要灭火作用(　　)。

A. 化学抑制作用　　B. 窒息作用

C. 冷却作用　　D. 产生惰性气体隔绝空气

答案：A

1017. 使用移动式干粉灭火器灭火时操作人员应(　　)。

A. 站在火焰上风向有效距离 2 ~ 3m 处　　B. 站在火焰上风向有效距离 3 ~ 5m 处

C. 站在火焰下风向有效距离 2 ~ 3m 处　　D. 站在火焰下风向有效距离 3 ~ 5m 处

答案：B

1018. 使用移动式干粉灭火器灭火时喷管应对准(　　)。

A. 火焰根部　B. 火焰中部　C. 火焰顶部　D. 火焰任意部位

答案：A

1019. 不能用移动式干粉灭火器扑灭(　　)火灾。

A. 可燃液体　B. 可燃气体　C. 金属燃烧　D. 电气设备

答案：C

1020. 使用移动式干粉灭火器扑灭可燃液体火灾时，如液体呈流淌燃烧时应(　　)。

A. 对准火焰根部由远而近，固定一个方向喷射

B. 对准火焰根部由远而近，左右扫射

C. 对准火焰根部由近而远，固定一个方向喷射

D. 对准火焰根部由近而远，左右扫射

答案：D

1021. 二氧化碳灭火器机筒内装的是(　　)二氧化碳。

A. 固态　B. 液态　C. 粉状　D. 气态

答案：B

1022. 二氧化碳灭火器出厂期满(　　)年，应予以报废处理。

A. 6　B. 8　C. 10　D. 12

答案：D

1023. 下列关于二氧化碳灭火器特点的说法错误的是(　　)。

A. 腐蚀容器　B. 不宜变质　C. 流动性好　D. 喷射率高

答案：A

1024. 二氧化碳灭火器灭火的原理是(　　)。

A. 化学抑制作用　B. 冷却降温

C. 隔绝空气窒息作用　D. 移除可燃物法

答案：C

1025. 下列火灾不能使用二氧化碳灭火器扑救的是(　　)。

A. 固体火灾　B. 金属火灾

C. 气体火灾　D. 液体火灾、可融化的固体物质火灾

答案：B

1026. 使用二氧化碳灭火器时皮肤直接接触喷筒可能会造成(　　)。

A. 冻伤　B. 烫伤　C. 腐蚀　D. 中毒

答案：A

1027. 在室外狭小空间使用二氧化碳灭火器时，灭火后操作者应(　　)，防止(　　)。

A. 待在原地继续观察　复燃　B. 迅速离开　烧伤

C. 迅速离开　冻伤　D. 迅速离开　窒息

答案：D

1028. 消防水炮进入冬季后，消防炮内残留的水应(　　)。

A. 继续保压　B. 投用伴热避免结冰

C. 定期更换　D. 及时排掉

答案：D

1029. 消防水炮处于备用状态时，水炮根部电动切断阀状态为(　　)。
A. 关闭　B. 微开　C. 全开　D. 半开
答案：A
1030. 消防水炮控制面板不能实现的操作有(　　)。
A. 炮筒调向　B. 直流模式　C. 淡水自冲洗　D. 喷雾模式
答案：C
1031. 干粉炮气瓶中储存的是(　　)。
A. 压缩空气　B. 常压空气　C. 压缩氮气　D. 常压氮气
答案：C
1032. 干粉炮系统适用于(　　)等场所。
A. 甲、乙类液体　B. 可燃金属　C. 固体可燃物　D. 液化石油气
答案：D
1033. 下列关于空呼器原理的说法错误的是(　　)。
A. 气瓶内高压空气经减压器减至适当的压力
B. 吸气时供给阀开启，呼气阀关闭
C. 屏气时供给阀开启，呼气阀关闭
D. 呼气时供给阀关闭，呼气阀打开
答案：C
1034. 下列哪项不是空呼器使用前需检查的内容(　　)。
A. 温度　B. 气瓶压力　C. 面罩气密　D. 报警音
答案：A
1035. 使用空呼器过程中报警器报警，下列说法正确的是(　　)。
A. 还可使用半小时，使用人员可继续作业
B. 剩余使用时间约 6～10min，需尽快撤离
C. 说明面罩密封不严，需拉紧面罩头带
D. 呼吸阀故障，需尽快撤离
答案：B
1036. 下列关于空呼器面罩密封测试的说法，正确的是(　　)。
A. 通过几次深呼吸判断有无不适感觉
B. 观察压力报警器有无报警声
C. 检查面罩头带是否过松
D. 关闭气阀，屏气 10s，仔细听有无气流声，观察压力表压力有无下降
答案：D
1037. 气溶胶是指(　　)。
A. 空气中粉尘　B. 空气中颗粒
C. 空气中液滴　D. 颗粒物悬浮在空气中形成的分散体系
答案：D
1038. 气溶胶灭火装置中的灭火剂是以(　　)的形式保存的。

A. 固态　　B. 液态　　C. 气态　　D. 固液混合

答案：A

1039. 气溶胶灭火器的优点是(　　)。

A. 以固态存放，不易挥发　　B. 可用于精密设备场所使用

C. 对电子设备没有影响　　D. 价格便宜

答案：A

1040. 以下不属于气溶胶灭火机理的是(　　)。

A. 所含大量的纳米级高度分散固体微粒在遇到火源时，发生强烈的吸热分解反应，降低火焰的温度，抑制燃烧反应的速度

B. 因热分解产生的金属离子和燃烧中的活性基团发生亲和反应，消耗活性基团，抑制他们之间的放热反应

C. 纳米级固体微粒具有很大的比表面积和表面能，和可燃物裂解产物自由活性基团发生碰撞冲击后，瞬间将其吸附，使其不再参加后续的燃烧反应，从而抑制燃烧速度

D. 火焰温度会降低，但不会隔绝氧气

答案：D

1041. 应急逃生标示牌设置成(　　)。

A. 蓝色　　B. 红色　　C. 绿色　　D. 黄色

答案：C

1042. 设在走道上的灯光疏散指示标志的间距不得大于(　　)。

A. 10m　　B. 20m　　C. 30m　　D. 40m

答案：B

1043. 安全出口或疏散通道中的门扇不应设置(　　)标识。

A. 禁止闭锁　　B. 推开　　C. 禁止喧哗　　D. 拉开

答案：C

1044. 下列对疏散指示标志设置的要求，描述不正确的有(　　)。

A. 应急照明灯和灯光疏散指示标志应在其外面设玻璃或其他不燃烧透明材料制成的保护罩

B. 疏散通道出口处的疏散指示标志应设在门框边缘或门的上部；标志牌的上边缘距天花板不应小于 0. 50m；位于门边时，其下边缘距地面的高度不应小于 2. 00m

C. 疏散通道中，疏散指示标志(包括灯光式)宜设在通道两侧及拐弯处的墙面上；标志牌的上边缘距地面应不大于 2. 00m

D. 如天花板的高度较小，疏散指示标志也可在疏散门的两侧墙上设置，标志的中心点距地面高度应在，1. 30 ~ 1. 50m 之间

答案：C

1045. 救生设备均应涂成(　　)。

A. 白色　　B. 橙色　　C. 红色　　D. 蓝色

答案：B

1046. 使用救生圈时应注意，晚上最好使用(　　)。

A. 带自亮灯浮　　B. 带烟雾信号
C. 带可浮式救生索　　D. 不适于夜间使用
答案：A
1047. 落水者在水中游泳，不正确的呼吸方法是(　　)。
A. 鼻吸口呼　　B. 鼻呼口吸　　C. 口吸鼻呼　　D. 口鼻同时呼吸
答案：A
1048. LNG 接收站集液池用来(　　)。
A. 储存过多的 LNG　　B. 收集泄漏的 LNG
C. 用于储存排凝的 LNG　　D. 收集雨水
答案：B
1049. LNG 接收站集液池一般配备(　　)。
A. 消防栓　　B. 消防炮　　C. 泡沫罐　　D. 雨淋阀
答案：C
1050. LNG 接收站集液池设置(　　)仪表，并设置报警。
A. 流量计　　B. 液位计　　C. pH 指示计　　D. 氧含量分析
答案：B
1051. LNG 接收站集液池平时应(　　)。
A. 储存雨水　　B. 存放消防水　　C. 保持空置　　D. 注氮吹扫
答案：C
1052. 下列需要设置泡沫装置的是(　　)。
A. 集液池　　B. 凝液罐　　C. C_2 罐顶　　D. 储罐顶
答案：A
1053. 下列不属于泡沫系统组成部分的是(　　)。
A. 泡沫罐　　B. 泡沫发生器　　C. 电磁阀　　D. 喷淋头
答案：D
1054. 泡沫灭火系统的灭火机理是(　　)。
A. 隔氧窒息　　B. 降温汽化　　C. 浸湿作用　　D. 乳化阻隔
答案：A
1055. 下列选项不属于集液池系统的是(　　)。
A. 泡沫系统　　B. 外排水泵　　C. 液位计　　D. 干粉罐
答案：D
1056. 日常巡检需要重点关注集液池(　　)。
A. 液位　　B. 围栏　　C. 压力　　D. 密度
答案：A
1057. 引起集液池外排泵无流量的原因(　　)。
A. 集液池液位高　　B. 集液池脏物堵塞泵入口
C. 泵反转　　D. 集液池泡沫多
答案：B

1058. 集液池泡沫发生器启动的动力来源(　　)。

A. 风力驱动　　B. 电力驱动　　C. 水力驱动　　D. 液压驱动

答案：C

1059. 不是自吸泵主要零件的是(　　)。

A. 泵体　　B. 泵盖　　C. 叶轮　　D. 飞轮

答案：D

1060. 液体从自吸泵叶轮入口流向出口的过程中，其速度能和压力能都得到增加，被叶轮排出的液体经由压出室，将速度能转换成(　　)。

A. 机械能　　B. 热能　　C. 压力能　　D. 引力能

答案：C

1061. 为保证自吸泵停车后泵体内储存足够的液体，需要在泵体的进口处配有(　　)。

A. 单向阀　　B. 疏水阀　　C. 节流阀　　D. 手动阀

答案：A

1062. 自吸泵的自吸高度与(　　)无关。

A. 叶轮前密封间隙　B. 泵的转数　　C. 分离室液面高度　D. 水罐液位

答案：D

1063. 发生泄漏事故后，集液池内的事故水应排至(　　)。

A. 雨排水系统　　B. 事故水系统　　C. 槽车外运　　D. 排海

答案：B

1064. 集液池内雨水外排时，不需要检查(　　)。

A. 排海闸门　　B. 排水渠是否有异物

C. 排水温度　　D. 排水泵流程

答案：C

1065. 集液池内淤泥积聚过多，会导致(　　)。

A. 泵入口堵塞　　B. 液位计无显示　　C. 泵出口流量增大　D. 对泵无影响

答案：A

1066. 下图中，表示管道中“管内介质流向”的符号是(　　)。

A. 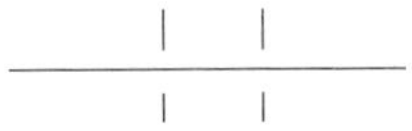　　B. 

C. 　　D. 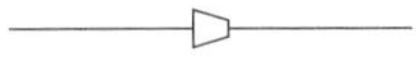

答案：C

1067. 工艺流程图中，管道标号“OBSP01”中的“S”表示(　　)。

A. 不锈钢　　B. 碳钢　　C. 9%镍钢　　D. 合金钢

答案：A

1068. 工艺流程图中，符号 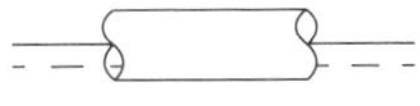 表示(　　)。

A. 管道保冷　　B. 保温伴热管道(电伴热)

C. 双层管道　　D. 管道剖面

答案：B

1069. 管道内介质代号“FW”表示(　　)。

A. 生产废水管道　B. 泡沫混合液管道　C. 消防水管道　D. 新鲜水管道

答案：C

1070. 工艺流程图中，符合 

表示(　　)。

A. 向上坡　B. 向下坡　C. 管线号分界　D. 流体方向

答案：B

1071. 以下图例中，表示材料等级分界的是(　　)。

A. 　B. 　C. 　D. 

答案：C

1072. 工艺流程图中，表示T－形过滤器的是(　　)。

A. 　B. 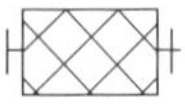　C. 　D. 

答案：A

1073. 在工艺流程图中，表示软管的符号是(　　)。

A. 　B. 　C. 　D.

答案：C

1074. 工艺流程图中，符号  表示(　　)。

A. 球阀　B. 闸阀　C. 蝶阀　D. 截止阀

答案：A

1075. 下列符号中，表示截止阀的是(　　)。

A. 　B. 　C. 　D. 

答案：A

1076. 在工艺流程图中，符号  表示(　　)。

A. 截止阀　B. 通径球阀　C. 三通阀　D. 针形阀

答案：C

1077. 在工艺流程图中，符号  表示(　　)。

A. 电磁执行机构　B. 气动执行机构　C. 液压执行机构　D. 隔膜执行机构

答案：B

1078. 下列缩写中，表示流量控制阀的是(　　)。

A. HV　B. PV　C. TV　D. FV

答案：D

1079. 下列符号中，表示仪表风的是(　　)。

A. 

B. 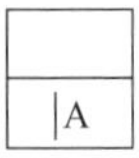

C. 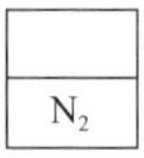

D. 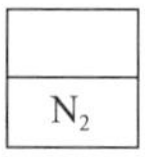

答案：B

1080. 下列流体代码中，表示柴油的是(　　)。

A. DO　B. DW　C. DEW　D. FL

答案：A

1081. 下列缩写中，表示事故开的是(　　)。

A. NO　　B. LO　　C. FO　　D. FC

答案：C

1082. 关于真空度、表压与绝对压力的关系，下列说法错误的是(　　)。

A. 真空度是由真空表测量得到的，表示系统压强实际数值低于大气压强的数值，所以真空度肯定比大气压强小

B. 表压是由压力表测量得到的，表示系统压强实际数值高于大气压强的数值

C. 绝对压力是指直接作用于容器或物体表面的压力，即物体承受的实际压力，其零点为大气压

D. 绝对压力是指直接作用于容器或物体表面的压力，即物体承受的实际压力，其零点为绝对真空

答案：C

1083. 理想气体状态方程中的压强是指气体的(　　)。

A. 真空度　　B. 表压强　　C. 绝对压强　　D. 大气压强

答案：C

1084. 一个标准大气压的表示方法，以下选项正确的是(　　)。

A. 100kPa　　B. 760mm 水柱

C. 10.3339mm 汞柱　　D. 101325N/m^2

答案：D

1085. 表压是指(　　)和大气压之差。

A. 真空度　　B. 绝压　　C. 标准大气压　　D. 工程大气压

答案：B

1086. 单位时间通过某一截面的流体量称为(　　)。

A. 流速　　B. 流量　　C. 速度　　D. 物质的量

答案：B

1087. (　　)是指流体质点在单位时间内所通过的距离。

A. 流体　　B. 流量　　C. 流速　　D. 位移

答案：C

1088. 关于流体的流量和流速，下面说法错误的是(　　)。

A. 体积流量 = 质量流量 × 密度　　B. 质量流量 = 体积流量 × 密度

C. 质量流量 = 流速 × 截面积 × 密度　　D. 体积流量 = 流速 × 截面积

答案：A

1089. LNG 充装撬位加快充装速度的方法最可行的是(　　)。

A. 降低管线的摩擦阻力　　B. 增大流量调节阀的开度

C. 增大管线流通面积　　D. 车臂连接时验漏步骤

答案：B

1090. 已知 LNG 储罐内径等参数，要估算储罐现存 LNG 的体积，还需要的参数是(　　)。

A. 液位　　B. 密度　　C. 温度　　D. 压力

答案：A

1091. 已知 LNG 储罐内径等参数，要估算储罐现存 LNG 的质量，还需要的参数是(　　)。

A. 温度和压力　　B. 组分和密度　　C. 温度和液位　　D. 液位和密度

答案：D

1092. 已知 LNG 船卸货体积，要估算卸货后 LNG 储罐液位(卸料期间进料储罐不外输)还需要的参数是(　　)。

A. LNG 船液货舱液位、LNG 储罐内径

B. LNG 船液货舱液位、LNG 船液货舱内径

C. LNG 储罐内径、LNG 储罐卸货前液位

D. LNG 密度、LNG 储罐卸货前液位

答案：C

1093. 某 LNG 储罐内径 80m，液位 10m，罐内介质密度 $426kg/m^3$，则储罐内现有 LNG 存储量约为(　　)t。

A. 21402　　B. 6816　　C. 85608　　D. 42804

答案：A

判断题

1. 职业道德是指从事一定职业的人们在长期的职业活动中所形成的技能操作。

答案：×

正确答案：职业道德是指从事一定职业的人们在长期的职业活动中所形成的行为规范。

2. 职业道德具有自愿性的特点。

答案：×

正确答案：职业道德是一种非强制性的约束机制。

3. 职业道德不倡导人们的牟利最大化的观念。

答案：×

正确答案：职业道德不是牟利，是一般的职业规范。

4. 在市场经济条件下，克服利益导向是职业道德社会功能的表现。

答案：×

正确答案：在市场经济条件下，克服利益导向不是职业道德社会功能的表现。

5. 企业文化所具有的功能包括娱乐功能。

答案：×

正确答案：企业文化的功能不包括娱乐功能。

6. 企业文化对企业具有整合的功能。

答案：√

7. 职业道德对企业起到增强竞争力的作用。

答案：√

8. 如果向企业员工灌输太多的职业道德，则容易使企业员工产生谨小慎微的观念。

答案：×

正确答案：向企业员工灌输太多的职业道德，不会使企业员工产生谨小慎微的观念。

9. 职业道德是人生事业成功的重要条件。

答案：√

10. 事业成功的人往往具有较高的职业道德。

答案：√

11. 员工在职业交往活动中，应尽力在服饰上突出个性是符合仪表端庄具体的要求。

答案：×

正确答案：员工在职业交往活动中，服饰上应符合仪表端庄具体的要求。

12. 员工在职业道德活动中，做到表情冷漠、严肃待客符合职业道德规范的要求。

答案：×

正确答案：员工在职业道德活动中，表情冷漠、严肃待客不符合职业道德规范的要求。

13. 爱岗敬业作为职业道德的内在要求，指的是员工要热爱自己喜欢的工作岗位。

答案：×

正确答案：爱岗敬业作为职业道德的内在要求，员工要强化职业责任。

14. 在市场经济条件下，应该树立多转行、多学知识、多长本领的择业观念。

答案：×

正确答案：在市场经济条件下，多转行不是正确的择业观念。

15. 在市场经济条件下，根据服务对象来决定是否遵守承诺并不违反职业道德规范中关于诚实守信的要求。

答案：×

正确答案：在市场经济条件下，根据服务对象来决定是否遵守承诺违反了职业道德规范中关于诚实守信的要求。

16. 如果在职业活动中，一贯地坚持诚实守信会损害企业的利益。

答案：×

正确答案：在职业活动中，坚持诚实守信不会损害企业的利益。

17. 要做到办事公道，则在处理公私关系时，要做到公私不分。

答案：×

正确答案：要做到办事公道，在处理公私关系时，要做到公平公正。

18. 办事公道是指从业人员在进行职业活动时，要做到助人为乐和有求必应。

答案：×

正确答案：办事公道是指从业人员在进行职业活动时，要做到追求真理、平等待人、公私分明、坚持原则。

19. 勤劳节俭虽然有利于节省资源，但是并不能促进企业的发展。

答案：×

正确答案：勤劳节俭是促进经济和社会发展的重要手段。

20. 在市场经济时代，勤劳是需要的，而节俭则不宜提倡。

答案：×

正确答案：在市场经济时代，勤劳节俭是提倡的。

21. 职业纪律是企业的行为规范，其具有随意性强的特点。

答案：×

正确答案：职业纪律是企业的行为规范，其具有明确的规定性的特点。

22. 职业纪律中包括群众纪律。

答案：√

23. 在企业活动中，师徒之间要做到平等和互相尊重。

答案：√

24. 在日常接待工作中，当对待不同的服务对象时，应做到一视同仁的服务态度。

答案：√

25. 创新既不能墨守成规，也不能标新立异。

答案：×

正确答案：创新是企业发展的动力，应鼓励员工大胆地试大胆地闯，敢于提出新问题。

26. 服务也需要创新。

答案：√

27. 天然气的英文缩写是 LNG。

答案：×

正确答案：天然气的英文缩写是 NG。

28. 含有甲烷的天然气体就是天然气。

答案：×

正确答案：天然气是在不同地质条件下生成、运移并储集在地下构造中，以碳氢化合物为主的可燃性烃类气体。

29. 石油天然气工作者所说的天然气是指所有天然可燃气体或人造可燃气体。

答案：×

正确答案：石油天然气工作者所说的天然气不是指所有天然可燃气体或人造可燃气体，而是指从地下油气藏中开采出来的以甲烷等碳氢化合物为主要成分的可燃性气体混合物。

30. 天然气中含有少量的非烃类气体和微量的惰性气体，不含有水汽。

答案：×

正确答案：天然气中含有少量的非烃类气体和微量的惰性气体，也含有水汽。

31. 天然气是指在地层中自然存在的烃类气体物质。

答案：×

正确答案：天然气是指在地层中自然存在的烃类和非烃类气体混合物。

32. 天然气按矿藏特点可分为气藏气、凝析气、伴生气。

答案：√

33. 天然气组成浓度表示法中，每种组成均可用百分数或小数表示。

答案：√

34. 天然气的组成表示法只有质量组成和体积组成。

答案：×

正确答案：天然气组成浓度表示法一般有质量组成、体积组成和摩尔组成。

35. 天然气是混合物。

答案：√

36. 只要天然气的温度低于水蒸气的露点时就会生成水合物。

答案：×

正确答案：天然气的温度低于水蒸气的露点时，就为生成水合物创造了条件。

37. 天然气压缩因子又称为偏差因子。

答案：√

38. 天然气无毒、易散发，密度轻于空气，不宜积聚成爆炸性气体，是较为安全的燃气。

答案：√

39. 天然气的水露点是指在一定压力下与天然气的饱和水蒸气量对应的温度。

答案：√

40. 天然气黏度愈大，阻力就愈小，气体流动就愈容易。

答案：×

正确答案：天然气黏度愈大，阻力就愈大，气体流动就愈困难。

41. 液化气就是指液化天然气。

答案：×

正确答案：液化气从物质构成来分，分为煤气液化气、石油液化气和天然气液化气。

42. 液化天然气通过加压制成，也可称为压缩天然气。

答案：×

正确答案：液化天然气可通过冷却或加压的方式得到。

43. 液化天然气是天然气在经过净化及超低温状态下(一个大气压、-162℃)冷却液化的产物。

答案：√

44. LNG是以甲烷为主要组分的烃类混合物，其中含有通常存在于天然气中少量的乙烷、丙烷、氮等其他组分。

答案：√

45. LNG的密度取决于其组分，通常在420~450kg/m^{3}之间。

答案：×

正确答案：LNG的密度取决于其组分，通常在420~470kg/m^{3}之间。

46. 当LNG转变为气体时，气体密度和空气密度相近。

答案：×

正确答案：当LNG转变为气体时，其密度为1.5kg/m^3，比空气重，当温度上升到-107℃时，气体密度和空气密度相近。

47. 液化天然气是天然气经压缩、冷却至其沸点(-196℃)温度后变成液体。

答案：×

正确答案：液化天然气是天然气经压缩、冷却至其沸点(-161.5℃)温度后变成液体。

48. LNG 的黏度与组成有关，与温度和压力无关。

答案：×

正确答案：LNG 的黏度不仅与组成有关，而且与压力和温度密切相关。

49. 所有的气体，在温度降到足够低的时候都可以液化。

答案：√

50. 所有的气体都可以通过压缩体积的办法使之液化。

答案：×

正确答案：有的气体不可以单靠通过压缩体积的办法使之液化。

51. 翻滚是指大量气体在短暂时间内从 LNG 容器中释放的过程，除非采取预防措施或对容器进行特殊设计，翻滚将使容器超压。

答案：√

52. 由于薄膜型液舱内壁接触面积比球罐型液舱小，薄膜型液舱制冷速度快。

答案：√

53. 液化天然气的体积增大和温度升高必然同时发生。

答案：×

正确答案：液化天然气的体积增大和温度升高没有必然的关系。

54. 绝对压力低于大气压力时，用真空表测得的压力称为真空压力或叫真空度。

答案：√

55. 单位面积上所受的压力，称为流体的压强。

答案：√

56. 压强表上的读数表示被测流体的绝对压强比大气压强小的数值。

答案：×

正确答案：压强表上的读数表示被测流体的绝对压强比大气压强大的数值。

57. 气体的临界温度越低，气体越易液化。

答案：×

正确答案：气体的临界温度越低，气体越不易液化。

58. 温度愈高，表示物体内部分子热运动愈剧烈，分子平均动能愈小。

答案：×

正确答案：温度愈高，表示物体内部分子热运动愈剧烈，分子平均动能愈大。

59. 摄氏温度与绝对温度的温度间隔是不相等的。

答案：×

正确答案：摄氏温度与绝对温度的温度间隔是相等的。

60. 若流体的密度是 ρ，则体积流量 Q 与质量流量 M 的关系是：$Q = M\rho$。

答案：×

正确答案：若流体的密度是 ρ，则体积流量 Q 与质量流量 M 的关系是：$M = Q\rho$。

61. 在单位时间内流过管道(或设备)某一截面的物料体积，称为体积流量。

答案：√

62. 有效断面一定是平面。

答案：×

正确答案：有效断面可能是平面，也可能是曲面。

63. 当属性相近的两种或多种油品混合时，其混合物的密度不能按可加性计算。

答案：×

正确答案：当属性相近的两种或多种油品混合时，其混合物的密度能按可加性计算。

64. 一般来说在讨论气体的密度时必须标明其状态。

答案：√

65. 同一种流体，特别是气体的密度通常随压力和温度的变化而变化。

答案：√

66. 一种既有体积又有容积的物体，它的体积一定大于或等于它的容积。

答案：√

67. 计算容积一般用容积单位，只有在特殊情况下，比如在计算较大物体的容积时，就可以用体积单位“立方米”。

答案：√

68. 体积单位和容积单位名称完全相同。

答案：×

正确答案：固体的容积单位与体积单位相同，而液体和气体的体积与容积单位一般都用升、毫升。

69. 同一物体温度不同的部分也会发生热量的传递。

答案：√

70. 为了减少室外设备的热损失，在保温层外包一层金属皮，一般而言，应该选择表面光滑、颜色较深的材料。

答案：×

正确答案：为了减少室外设备的热损失，在保温层外包一层金属皮，一般而言，应该选择表面光滑、颜色较浅的材料。

71. 稳定传热是指传热系统内各点的温度只随位置变化、不随时间变化。

答案：√

72. 蒸发是液体在一定温度下，并继续加热，才能发生的汽化现象。

答案：×

正确答案：蒸发是液体在任何温度下都能发生的汽化现象，而沸腾是液体在一定温度(沸点)下，并继续加热，才能发生的汽化现象。

73. 蒸发在任何温度都会进行，只是温度越高越快，反之越慢。

答案：√

74. 蒸发是在液体表面和内部同时发生的剧烈的汽化现象。

答案：×

正确答案：蒸发是只在液体表面发生的缓慢的汽化现象，而沸腾是在液体表面和内部同时发生的剧烈的汽化现象。

75. 冷凝是气体或液体遇冷而凝结，温度越低，冷凝速度越快，效果越好。

答案：√

76. 冷凝器是把蒸汽冷凝为液体的设备，在冷凝过程中蒸汽把热量传递给冷却剂。

答案：√

77. 在石油化工过程中经常使用各种各样的冷凝器，其中在两相流动传热的冷凝过程中应用最为广泛，如蒸馏塔顶气体馏出物的冷凝、水蒸气的冷凝、冷冻剂蒸汽的冷凝等。

答案：√

78. 速度式泵是靠工作部件的运动造成工作容积周期性地增大和缩小而吸排液体，并靠工作部件的挤压而直接使液体的压力能增加。

答案：×

正确答案：容积式泵是靠工作部件的运动造成工作容积周期性地增大和缩小而吸排液体，并靠工作部件的挤压而直接使液体的压力能增加。

79. 速度式泵是靠叶轮带动液体高速回转而把机械能传递给所输送的液体。

答案：√

80. 离心泵与齿轮泵工作原理相同。

答案：×

正确答案：离心泵属于速度式泵，齿轮泵属于容积式泵，原理不同。

81. 离心泵运行时，叶轮高速旋转，迫使叶轮中心的液体以很高的速度被抛开，从而在叶轮中心形成高压，低位槽中的液体因此被源源不断地吸上。

答案：×

正确答案：离心泵运行时，叶轮高速旋转，迫使叶轮中心的液体以很高的速度被抛开，从而在叶轮中心形成低压，低位槽中的液体因此被源源不断地吸上。

82. 如果离心泵在启动前壳内充满的是气体，则启动后叶轮中心气体被抛时不能在该处形成足够大的真空度，这样槽内液体便不能被吸上，这一现象称为汽蚀。

答案：×

正确答案：如果离心泵在启动前壳内充满的是气体，则启动后叶轮中心气体被抛时不能在该处形成足够大的真空度，这样槽内液体便不能被吸上，这一现象称为气缚。

83. 离心泵发生汽蚀是由于液道入口附近某些局部低压区处的压力降低到液体饱和蒸汽压，导致部分液体汽化所致。

答案：√

84. 离心泵的流量反映离心泵的送液能力，通常是指单位时间内泵所输送的液体体积。

答案：√

85. 离心泵的扬程又称为泵的压头，是指单位质量流体经泵所获得的能量。

答案：√

86. 离心泵的效率值与泵的输送液体的性质无关。

答案：×

正确答案：离心泵的效率值与泵的输送液体的性质有关。

87. 离心式压缩机属于容积式压缩机。

答案：×

正确答案：离心式压缩机属于速度式压缩机。

88. 往复式压缩机属于容积式压缩机。

答案：√

89. 离心式压缩机的主要做功部件为叶轮。

答案：√

90. 再沸器用于加热已被冷凝的液体，使其再受热汽化，加热过程中会发生相变。

答案：√

91. 正常工况下，ORV 竖向管束中不会发生相变。

答案：×

正确答案：正常工况下，ORV 竖向管束中会发生相变。

92. 相同条件下，SCV 较 ORV 耗能更高。

答案：√

93. 爆破片爆破后可重复使用。

答案：×

正确答案：爆破片不能重复使用。

94. 安全阀使用前应进行校验。

答案：√

95. 安全阀起跳后经校验合格可重复使用。

答案：√

96. 安全阀作为压力容器安全附件，可有效避免容器超压。

答案：√

97. 爆破片起爆后，可继续恢复使用。

答案：×

正确答案：爆破片起爆后不能重复使用。

98. 压力表使用前应进行校验。

答案：√

99. 一般来讲，石墨平垫片使用压力等级比八角垫高。

答案：×

正确答案：石墨平垫片使用压力等级比八角垫低。

100. 法兰与管道只能通过焊接连接。

答案：×

正确答案：法兰与管道连接方式除焊接外，还有螺纹等其他连接方式。

101. 盲板的选用应与其适用的压力等级一致。

答案：√

102. 正常情况下，闸阀闸板的动作方向与流体方向平行。

答案：×

正确答案：正常情况下，闸阀闸板的动作方向与流体方向垂直。

103. 一般来讲，按照驱动方式不同，球阀可分为气动球阀、电动球阀、手动球阀等。

答案：√

104. 一般来讲，截止阀适合作为流量的调节阀来使用。

答案：√

105. 按密封面形式，法兰密封面有宽面、光面、凹凸面、榫槽面和梯形槽面等几种。

答案：√

106. 按法兰与管子的连接方式分成螺纹法兰、平焊法兰、对焊法兰、承插焊法兰、松套法兰 5 种基本类。

答案：√

107. 法兰凹凸面密封面减少了垫片被吹出的可能性，但不能保护垫片不挤入管中。此外，它便于垫片的更换。

答案：×

正确答案：法兰凹凸面密封面减少了垫片被吹出的可能性，但不能保护垫片不挤入管中，它不便于垫片的更换。

108. 垫片按其材料和结构特征可分为非金属垫片、金属垫片、金属 – 非金属组合垫片。

答案：√

109. 石墨金属缠绕垫片属于金属垫片。

答案：×

正确答案：石墨金属缠绕垫片属于金属 – 非金属组合垫片。

110. 金属包覆垫片属于金属垫片。

答案：×

正确答案：金属包覆垫片属于金属 – 非金属组合垫片。

111. 螺栓螺纹按长度分为全螺纹螺栓和非全螺纹螺栓两类。

答案：√

112. 螺栓按头部形状可分为六角头螺栓、圆头螺栓、方头螺栓、粗牙螺栓等。

答案：×

正确答案：螺栓按头部形状可分为六角头螺栓、圆头螺栓、方头螺栓等。

113. 普通螺栓按照制作精度可分为 A、B. C 三个等级，A 级为精制螺栓，C 级为粗制螺栓。

答案：√

114. 热熔连接不是常见的管路连接方法。

答案：×

正确答案：热熔连接是常见的管路连接方法。

115. PVC 管材与管件一般情况下采用焊接连接。

答案：×

正确答案：PVC 管材与管件一般情况下采用黏接连接。

116. 常见的管路连接有丝扣连接、法兰连接、承插连接、焊接、黏接、热熔连接等。

答案：√

117. 通常情况下，密封可分为静密封和动密封两大类。

答案：√

118. 按密封件与其做相对运动的零部件是否接触，可分为接触式密封和非接触式密封。一般来说，非接触式密封的密封性更好。

答案：×

正确答案：按密封件与其做相对运动的零部件是否接触，可分为接触式密封和非接触式密封。一般来说，接触式密封的密封性更好。

119. 结合面静止的密封称为动密封，结合面产生相对运动的密封称为静密封。

答案：×

正确答案：结合面静止的密封称为静密封，结合面产生相对运动的密封称为动密封。

120. 润滑可分为流体(液体、气体)润滑和固体润滑。

答案：√

121. 利用转动件或曲轴的曲柄等将润滑油溅成油星的润滑方式为滴油润滑。

答案：×

正确答案：利用转动件或曲轴的曲柄等将润滑油溅成油星的润滑方式为飞溅润滑

122. 润滑油液不需要定期化验及更换。

答案：×

正确答案：润滑油液需要定期化验及更换。

123. 按摩擦副之间润滑材料的不同，润滑剂可分为流体(液体、气体)润滑剂和固体润滑剂。

答案：√

124. 相较于润滑油，润滑脂适用于转速更高的摩擦副。

答案：×

正确答案：相较于润滑油，润滑脂适用于转速更低的摩擦副。

125. 一定条件下，输送介质本身也可以作为设备转动副的润滑剂。

答案：√

126. 疲劳断裂过程可分为裂纹萌生、扩展和断裂三个阶段。

答案：√

127. 由于压力容器过度的弹性变形而引起的失效称为强度失效。

答案：×

正确答案：由于压力容器过度的弹性变形而引起的失效称为刚度失效。

128. 电化学腐蚀是静设备腐蚀中较为罕见的现象。

答案：×

正确答案：电化学腐蚀是静设备腐蚀中较为常见的现象。

129. 钢分为碳素钢(简称碳钢)和合金两大类。
答案：√
130. 碳素结构钢主要用于制造各种工具、量具和模具。
答案：×
正确答案：碳素工具钢主要用于制造各种工具、量具和模具。
131. 一般情况下，变形铝合金较铸造铝合金塑性更差。
答案：×。
正确答案：一般情况下，变形铝合金较铸造铝合金塑性更好。
132. 闭合电路中，电流的大小与电源的电动势成正比。
答案：√
133. 电流的热效应是对电气运行的一大危害。
答案：√
134. 电流的方向规定为电子的运动方向。
答案：×
正确答案：电流的方向为正电荷定向运动的方向。
135. 大小随时间改变的电流称为直流电流。
答案：×
正确答案：大小不随时间改变的电流称为直流电流
136. 电流的通路称为电路，直流电源构成的电路称直流电路。
答案：√
137. 直流电中蓝色代表正极，红色代表负极，信号和警告回路用白色。
答案：×
正确答案：直流电中红色代表正极，蓝色代表负极，信号和警告回路用白色。
138. 交流电的周期和频率互为倒数。
答案：√
139. 交流电的周期越长，说明交流电变化得越快。
答案：×
正确答案：交流电的周期越长，说明交流电变化得越慢。
140. 交流电路中，电阻元件通过的电压超前电流 90°。
答案：×
正确答案：交流电路中，电阻元件通过的电流与其两端的电压是同相位的。
141. 电阻与导线长度成反比，与导线横截面积成正比。
答案：×
正确答案：电阻与导线长度成正比，与导线横截面积成反比。
142. 电阻率也称电阻系数，它指某种导体做成长 1m、横截面积 $1mm^2$ 的导体，在温度 20 摄氏度的电阻值。
答案：√

143. 电阻率用“ρ”表示，是一常数，反映了导体导电性的好坏，电阻率大，说明导电性能差，电阻率小，说明导电性能好。

答案：√

144. 线电压就是两条相线之间的电压。

答案：√

145. 改变主变分接头进行调压，其实就是改变无功负荷在网络中的流动，并不一定能改变系统中的电压水平。

答案：×

正确答案：通过改变主变分接头进行调压，从而改变系统中的电压水平。

146. 输电线路首末两端电压的相量差称为电压损耗。

答案：×

正确答案：输电线路首端电压的模和末端电压的模之差称为电压损耗。

147. 电池组中相邻两个电池正、负极相连，这是电池的串联。

答案：√

148. 串联电路中，电路两端的总电压等于各电阻两端的分压之和。

答案：√

149. 在并联电路中，由于流过各电阻的电流不一样，因此每个电阻的电压降也不一样。

答案：×

正确答案：在并联路中，流过各电阻的电流不一样，每个电阻的电压降相同。

150. 影响触电后果的因素只与电流大小有关。

答案：×

正确答案：影响触电后果的因素与电流通过人体的大小；电流通过人体的时间；电流通过人体的途径；电流通过人体的频率均相关。

151. 触电者，有呼吸但无心跳者应采用胸外按压法进行现场救护。

答案：√

152. 在发生人身触电事故时，为了解救触电者，可以不经许可断开相关设备电源，事后立即向上级汇报。

答案：√

153. 照明电路出现漏电现象，只会浪费电能，不会引起触电事故。

答案：×

正确答案：照明电路出现漏电现象，不仅会浪费电能，还会引起触电事故。

154. 白炽灯的工作原理是由于电流通过钨丝升温达到白炽状态而发光的照明装置。

答案：√

155. 在照明电路的保护线上应装设熔断器。

答案：×

正确答案：在照明电路的保护线上不能装设熔断器。

156. 电器火灾主要原因有：短路、超负荷、接触电阻过大。

答案：√

157. 灭火器上的压力表用红、黄、绿三色表示灭火器的压力情况，当指针指在黄色区域表示压力正常。

答案：×

正确答案：灭火器上的压力表用红、黄、绿三色表示灭火器的压力情况，当指针指在绿色区域表示压力正常。

158. 电动机等旋转电机着火时，为防止轴和轴承变形，可令其慢慢转动用喷雾水枪灭火并帮其冷却。

答案：√

159. 正压型防爆方法是向外壳里输送洁净的压缩空气，使壳内维持正压，周围易燃易爆气体不能进入，从而防止它与电路直接接触。

答案：√

160. 本质安全型仪表又叫安全火花型仪表。

答案：√

161. 本安型仪表的主要特点是将仪表中可能产生火花、电弧的部分放在一个或分放在几个具有一定强度并起隔离作用的外壳中，引爆时，外壳不致被炸坏。

答案：×

正确答案：隔爆型仪表的主要特点是将仪表中可能产生火花、电弧的部分放在一个或分放在几个具有一定强度并起隔离作用的外壳中，引爆时，外壳不致被炸坏。

162. 当调节过程不稳定时，可增大积分时间或加大比例度，使其稳定。

答案：√

163. 比例调节过程的余差与调节器的比例度成正比。

答案：√

164. 均匀调节系统的调节器参数整定可以与定值调节系统的整定要求一样。

答案：×

正确答案：均匀调节系统的调节器参数整定与定值调节系统的整定要求不一样。

165. 固液气三相之间的平衡温度称为三相点。

答案：√

166. 水的三相点是－273.16K。

答案：×

正确答案：水的三相点是273.16K。

167. 标准大气压下水的沸点是273.15K。

答案：×

正确答案：水的沸点是373.15K。

168. 常用热电偶可以分为标准热电偶和非标准热电偶。

答案：√

169. 我国统一设计型热电偶包括S、B、E、K、R、J、T七种标准化热电偶。

答案：√

170. 热电偶测温是不需要进行冷端补偿。

答案：×

正确答案：热电偶测温需要进行冷端补偿。

171. 热电阻中的铂热电阻可以适用于任何化学性质的介质。

答案：×

正确答案：热电阻中的铂热电阻可以适用于中性和氧化性介质。

172. 铜热电阻的测温范围比铂热电阻测温范围宽。

答案：×

正确答案：铂热电阻的测温范围比铜热电阻测温范围宽。

173. 在相同的温度变化范围内，分度号 Pt100 的热电阻比 Pt10 的热电阻变化范围大，因而灵敏度较高。

答案：√

174. 弹簧管压力表测的是被测压力和大气压之差，所以称为表压。

答案：√

175. 使用 U 形管压力计测得的表压值与玻璃管断面面积的大小有关。

答案：×

正确答案：使用 U 形管压力计测得的表压值与玻璃管断面面积的大小无关。

176. 环境温度对液柱压力计的测量精度没有影响。

答案：×

正确答案：环境温度对液柱压力计的测量精度有影响。

177. 某厂氨罐上的压力表损坏了，一时找不到量程合适的氨用压力表，可以用一般的工业压力表代用。

答案：×

正确答案：不可用一般的工业压力表代用，因为氨用压力表的弹簧管是由耐氨腐蚀的材料制成。

178. 在现场安装压力表时，可用氧乙炔割刀开引压口。

答案：√

179. 压力表在测量高于 60℃ 的热介质时，为防止弹性元件受介质温度的影响而改变性能，一般在压力表之前加装冷凝弯或冷凝圈。

答案：√

180. 弹簧管压力表测压力，在大气中的指示值与真空中的指示值一样。

答案：×

正确答案：弹簧管压力表测压力，在大气中的指示值与真空中的指示值不一样。

181. 弹簧管压力表的基本测量原理就是弹簧管通入被测压力后，自由端产生微小位移，再通过传动放大机构把自由端的位移转换成指针的移动位置。

答案：√

182. 弹簧管压力表的弹簧管为弯成 270°圆弧的椭圆形截面的空心金属管，其越扁耐压越低。

答案：×

正确答案：弹簧管压力表的弹簧管为弯成270°圆弧的椭圆形截面的空心金属管，越扁耐压越高。

183. 电磁流量计可以倾斜安装，只要充满管道和流量计即可。

答案：√

184. 电磁流量计能在负压下使用。

答案：×

正确答案：电磁流量计不可在负压下使用，电磁流量计为了防腐，用防腐材料进行衬里处理，衬里只保证耐压不保证耐拉。

185. 黏稠、易结晶、含有固体颗粒或腐蚀性介质的压力测量，宜选用超声波流量计。

答案：×

正确答案：宜选用法兰式压力变送器。

186. 用差压式流量计测量蒸汽和气体流量时，一般均需进行温度压力补偿，这种补偿的实质是补偿流体温度和压力的变化引起的密度变化对测量结果的影响。

答案：√

187. 差压式流量计的流量与差压成正比关系。

答案：×

正确答案：流量与差压的平方根成正比关系。

188. 差压式流量计重复开方，由于数学运算的规律，使得流量示值除了零点和满度之外普遍偏高，而且越靠近零点偏高越严重。

答案：√

189. 现用转子流量计的转子是转动的。

答案：×

正确答案：转子流量计并不刻意要求转子转动或不转动。

190. 转子流量计的锥管必须垂直安装，不可倾斜。

答案：√

191. 浮子玷污后对精度没有影响。

答案：×

正确答案：浮子玷污对精度有影响。

192. 转子流量计的环行流通截面是变化的，基本上同流量大小成正比，但流过环行间隙的流速变化不大。

答案：√

193. 对于大多数工艺对象的液面和界面测量，选用差压式仪表、浮筒式仪表和浮子式仪表便可满足要求。如不满足时，则可以选用电容式、电阻式、核辐射式、超声波式等液位仪表。

答案：√

194. 脏污的、黏性的液体，以及环境温度下结冻的液体表面可以使用浮子式液位仪表。

答案：×

正确答案：浮子式液位计不适用于脏污、黏性液体。

195. 液位开关有多种，常用的有外浮筒式、浮球式、电容式、电阻式、核辐射式、超声波式等。

答案：√

196. 雷达液位计的安装位置不要在搅拌器附近，因为搅拌时会产生不规则的旋涡，它会造成雷达信号的衰减。

答案：√

197. 介质密度和温度的变化影响雷达液位计测量准确性。

答案：×

正确答案：不受介质密度和温度变化的影响。

198. 雷达液位计测量范围小，一般可达 0 ~ 15m。

答案：×

正确答案：导波雷达液位计测量范围可到 30m，真空中测量范围可达 70m。

199. 超声波液位计安装时，探头与容器壁距离可不做要求。

答案：×

正确答案：超声波液位计安装时，探头与容器壁距离不能太近。

200. 超声波液位计安装要求探头垂直，不能倾斜。如果倾斜，则回波偏离法线致使仪表无法工作。

答案：√

201. 智能超声波液位计在工作前不需做任何的准备工作。

答案：×

正确答案：仍需要开展相关准备工作。

202. 止回阀属于一种自动阀门，其作用是防止管路中的介质倒流、防止泵及驱动电机反转，以及容器介质的泄漏。

答案：√

203. 阀门按照开关方向分为球阀、蝶阀、旋塞阀。

答案：×

正确答案：阀门按照结构类型分类分为球阀、蝶阀、旋塞阀。

204. 阀门电动装置一般由传动机构（减速器）、电动机、行程控制机构、转矩限制机构、手动 – 电动切换机构、开度指示器等组成。

答案：√

205. 调节阀可控制的最小流量即是调节阀的泄漏量。

答案：×

正确答案：调节阀可控制的最小流量与泄漏量无关。

206. 关闭件为一个球体，用球体绕阀体中心线做旋转，来达到通、断目的的阀门是截止阀。

答案：×

正确答案：关闭件为一个球体，用球体绕阀体中心线做旋转，来达到通、断目的的阀门是球阀。

207. 调节阀执行机构的输出力只是用于克服不平衡力或不平衡力矩的有效力。

答案：×

正确答案：调节阀执行机构的输出力是用于克服不平衡力和不平衡力矩的有效力。

208. 氧化锆分析仪氧量瞬间跳动很大，其原因可能是探头老化内阻大、取样点不合适、锅炉燃烧不稳定甚至明火冲击探头、气样带水滴并在氧化锆管中汽化。

答案：√

209. 在色谱操作条件中，色谱柱相同，对分离度好坏影响最大的因素是柱温。

答案：√

210. 在线余氯分析仪的传感器探头有敞开式传感器和隔膜式传感器两种形式。

答案：√

211. DCS 系统的主要特点归结为一句话就是：分散控制，集中管理。

答案：√

212. DCS 系统是过程控制系统，是静态的，不需要人为干预。SIS 系统是动态的，需要人工频繁干预。

答案：×

正确答案：SIS 系统是过程控制系统，是静态的，不需要人为干预。DCS 系统是动态的，需要人工频繁干预。

213. FGS 系统能够检测 LNG 泄漏、可燃气体泄漏及火警，并以声光形式对探测到的异常状态报警。

答案：√

214. 故障安全是指 SIS 系统发生故障时，不会影响到被控过程的安全运行。

答案：√

215. 冗余是指对实效的控制元件(包括硬件和软件)进行识别和补偿，并能够在继续完成指定的任务、不中断过程控制的情况下进行修复的能力。

答案：×

正确答案：容错是指对实效的控制元件(包括硬件和软件)进行识别和补偿，并能够在继续完成指定的任务、不中断过程控制的情况下进行修复的能力。

216. 联锁是指一种仪表的动作或变化信号反馈给另外一组设备或仪表，带动另外一台设备或者仪表的工作或变化，从而保证安全。

答案：√

217. 劳保用品用于劳动保护，不得转让、买卖。

答案：√

218. 班组发放的劳保用品(如安全带、雨衣、雨鞋等)，可以上班时使用，也可以带离岗位。

答案：×

正确答案：班组发放的劳保用品(如安全带、雨衣、雨鞋等)，只能上班时使用，不能带离岗位。

219. 岗位调整或变更工种，可以沿用原工种劳保用品。

答案：×

正确答案：岗位调整或变更工种，应收回原工种劳保用品，并根据新工种发放标准发放。

220. LNG 接收站安装了周界报警系统、视频监控系统和门禁管理系统，能实现对厂区周界及人员的实时有效监控。

答案：√

221. 公司可以将污水处理场产生的三泥进行填埋处理。

答案：×

正确答案：公司不能将污水处理场产生的三泥进行填埋处理，要委托有资质单位处置。

222. 凡涉及用火、进入受限空间、高处作业、临时用电、动土、起重和盲板抽堵等作业必须实行作业许可证管理。

答案：√

223. 作业许可的审批人、作业监护人等可直接上岗。

答案：×

正确答案：作业许可的审批人、作业监护人等应经过作业许可管理培训，培训合格后方可上岗。

224. 在生产装置、检维修项目现场可以设立临时办公室、休息场所。

答案：×

正确答案：在生产装置、检维修项目现场不能设立临时办公室、休息场所。

225. 事故状态下安全泄放设施排放出的 LNG 或者天然气也有导致火灾爆炸的危险。

答案：√

226. 为保证人身、设备和建、构筑物的安全及正常运行，将站内电气设备正常不带电外壳部分与接地装置做了良好的电气连接。

答案：√

227. LNG 或天然气和空气混合，如遇明火就会发生爆炸。

答案：×

正确答案：LNG 或天然气和空气混合，浓度在爆炸范围内遇明火才会发生爆炸。

228. 在机柜间为防止灭火剂对设备的损害，应设置气溶胶灭火系统。

答案：√

229. 灭火中使用二氧化碳灭火器时，人应站在下风向。

答案：×

正确答案：灭火中使用二氧化碳灭火器时，人应站在上风向。

230. 泡沫灭火器可用于扑救带电设备和轻金属引起的火灾。

答案：×

正确答案：泡沫灭火器不可用于扑救带电设备和轻金属引起的火灾。

231. 生产经营单位应当在有较大危险因素的生产经营场所和有关设施、设备上，设置明显的安全警示标志。

答案：√

232. 特种劳动防护用品可有安全标志，也可无。

答案：×

正确答案：特种劳动防护用品必须有安全标志。

233. 特种设备必须按照国家有关规定，由专业生产单位生产，并经具有专业资质的检测、检验机构检测、检验合格，取得安全使用证或者安全标志，方可投入使用。

答案：√

234. 岗位人员应清楚本岗位接触的职业病危害因素，掌握职业病防护设施操作方法，应能够正确使用防护用品。凡不按规定佩戴或使用防护用品的人员不得上岗作业。

答案：√

235. 企业可以不向从业人员告知作业岗位、场所危险因素和险情处置要点，但是高风险区域和重大危险源必须设立明显安全警示标识，并确保逃生通道畅通。

答案：×

正确答案：企业必须向从业人员告知作业岗位、场所危险因素和险情处置要点，高风险区域和重大危险源必须设立明显安全警示标识，并确保逃生通道畅通。

236. 生产经营单位应当在有较大危险因素的生产经营场所和有关设施、设备上，可以设置不明显的安全警示标志。

答案：×

正确答案：生产经营单位应当在有较大危险因素的生产经营场所和有关设施、设备上，必须设置明显的安全警示标志。

237. 水上交通管理适用于《安全生产法》。

答案：×

正确答案：水上交通管理不适用于《安全生产法》

238. 劳动者与用人单位签订劳动合同(含聘用合同)时，有权了解工作过程中产生的职业病危害及其后果、职业病防护措施和待遇等，并要求在劳动合同中写明。

答案：√

239. 当现场仪表和 DCS 控制系统数据不一致时，一律以 DCS 控制系统数据为准。

答案：×

正确答案：当现场仪表和 DCS 控制系统数据不一致时，应综合分析，查找出准确数据。

240. 对存在能量或危险物质意外释放可能导致中毒、窒息、触电、机械伤害的设备设施应采取能量隔离与挂牌上锁措施。

答案：√

241. 储存危险化学品的场所(罐区、仓库等)和设施可以根据生产需要随时变更储存的物质。

答案：×

正确答案：储存危险化学品的场所(罐区、仓库等)和设施不能随意变更储存的物质。

242. 氧气、乙炔、汽油等危险品仓库应有避雷及防静电接地设施，屋面应采用轻型结构，并设置气窗及底窗，门、窗应向内开启。

答案：×

正确答案：氧气、乙炔、汽油等危险品仓库应有避雷及防静电接地设施，屋面应采用轻型结构，并设置气窗及底窗，门、窗应向外开启。

243. 事故状态下安全泄放设施排放出的 LNG 或者天然气没有导致火灾爆炸的危险。

答案：×

正确答案：事故状态下安全泄放设施排放出的 LNG 或者天然气也有导致火灾爆炸的危险。

244. 溺水者被救起后应立即清除口鼻中泥沙污物，将舌拉出，保持呼吸道通畅。

答案：√

245. 所有的量值可以由若干个不同的基准(或标准)传递而来。

答案：×

正确答案：所有的量值必须由相同的基准(或标准)传递而来。

246. 在给定量制中约定选取的一组不能用其他量表示的量叫作导出量。

答案：×

正确答案：在给定量制中约定选取的一组不能用其他量表示的量叫作基本量。

247. 量制中由基本量定义的量叫作导出量。

答案：√

248. 量纲为 1 的量又称无量纲量。

答案：√

249. 计量单位制有：国际单位制和法定计量单位。

答案：√

250. 我国的法定计量单位不包括非国际单位制单位。

答案：×

正确答案：我国的法定计量单位包括国家选定的非国际单位制单位。

251. 法定计量单位就是国家以法令的形式规定允许使用的计量单位。

答案：√

252. 土地面积公顷是我国政府根据国内外的实际情况，在发布法定计量单位时，专门对国家选定的非国际单位制单位。

答案：√

253. 密度单位符号 kg/m^3 的名称是“每立方米千克”。

答案：×

正确答案：密度单位符号 kg/m^3 的名称是“千克每立方米”。

254. 只要在生产中认真操作，正确使用测量工具就不会产生误差。

答案：×

正确答案：误差随时都会产生。

255. 误差是在测量的过程中产生的，测量是一个读数的过程。

答案：×

正确答案：误差是在测量过程中产生的，测量是一个对比、示差、平衡和读数的过程。

256. 粗大误差是指一种显然与事实不符的误差，其误差值较大且违反常规。

答案：√

257. GB/T 19205—2003《天然气标准参比条件》规定，在测量和计算天然气时，使用的压力和温度是 101.325kPa、20℃。不可采用合同规定的其他压力和温度作为标准参比条件。

答案：×

正确答案：也可采用合同规定的其他压力和温度作为标准参比条件。

258. 对于发热量和沃泊指数，被燃烧气体的体积及其释放的能量均与使用的标准参比条件无关。

答案：×

正确答案：对于发热量和沃泊指数，被燃烧气体的体积及其释放的能量均与使用的标准参比条件有关。

259. 标准参比条件主要用于计量交接，将用于描述天然气的气质和数量的各种物理性质统一到一个共同的基准。

答案：√

260. 对于较脏或有污染的气体，应该在气体进入露点仪之前，在采样系统中使用过滤器，使用之前和使用之后必须检查过滤器，并且需要定期更换。

答案：√

261. 便携式露点仪只需进厂时校准一次即可，无须每年校准。

答案：×

正确答案：便携式露点仪需按照检定周期每年校准。

262. 露点测定时，应尽可能远离测量点。

答案：×

正确答案：露点测定时，应尽可能接近测量点。

263. 测爆仪可以长时间置于高温潮湿的场所，避免剧烈的温度、湿度、气压变化，避免机械性撞击。

答案：×

正确答案：测爆仪不得长时间置于高温潮湿的场所，避免剧烈的温度、湿度、气压变化，避免机械性撞击。

264. 使用测爆仪后，不要使用指定以外的电池，否则将影响防爆性能。

答案：√

265. 测爆仪可经常在高于爆炸下限的条件下使用。

答案：×

正确答案：测爆仪应尽量在可燃气体浓度低于爆炸下限的条件下使用，否则，有可能烧坏元件。

266. 使用测爆仪后，应返回洁净空气中，待气体浓度下降后再关闭电源。

答案：√

267. 便携式复合型气体检测仪可以在气体环境中接通电源，显示气体浓度。

答案：×

正确答案：便携式复合型气体检测仪必须在洁净的空气中接通电源，如果在气体环境中接通电源，会显示错误的气体浓度。

268. 使用便携式复合型气体检测仪检测时，在洁净的空气中接通电源，当氧气、硫化氢、可燃性气体、一氧化碳显示的含量为21%、0PPM、0%、0PPM后，将导入管前段对准待测部位。

答案：√

269. 便携式复合型气体检测仪在检测过程中示数是变化的，可随时读出需要的数据。

答案：×

正确答案：便携式复合型气体检测仪等示数稳定后读出需要的数据。

270. 测爆仪应轻拿轻放，避免剧烈震动，以免损坏仪器敏感元件。

答案：√

271. 拟修约数字可在确定修约位数后一次修约获得结果，也可多次按修约规则连续修约。

答案：×

正确答案：拟修约数字应在确定修约位数后一次修约获得结果，不可以多次按修约规则连续修约。

272. 3.2，0.32，0.032，0.0032，0.0320均为两位有效位数。

答案：×

正确答案：3.2，0.32，0.032，0.0032为两位有效位数，0.0320为三位有效位数。

273. 如指定修约间隔为10，修约值即应在10的整数倍中选取，相当于将数值修约到“十”数位。

答案：√

274. LNG连续采样系统包括真空取样探头、气化器、采样系统和在线分析软件等几个部分。

答案：√

275. 为了保证ISO 8943过冷度的要求，取样探头应采用保冷循环的方式进行保冷。

答案：×

正确答案：为了保证ISO 8943过冷度的要求，取样探头应采用真空绝热的方式进行保冷。

276. LNG取样探头材料为耐低温不锈钢42CrMo。

答案：×

正确答案：LNG取样探头材料为耐低温不锈钢316L。

277. 软化水中氯离子的浓度应低于500mg/L。

答案：×

正确答案：软化水中氯离子的浓度应低于50mg/L。

278. 外排污水中悬浮物的浓度应低于400mg/L。

答案：√

279. 在两个密闭容器中，分别充有质量相同的甲、乙两种气体，若两容器的温度和压强均相同，且甲的密度大于乙的密度，则甲的物质的量比乙的物质的量少。

答案：√

280. 相同条件下，1molCO 和 1molCO_2所含分子数相同，体积也相同。

答案：√

281. 当温度和压强一定时，决定气体体积大小的主要因素是分子直径的大小。

答案：×

正确答案：当温度和压强一定时，决定气体体积大小的主要因素是分子数目的多少。

282. 用氮气对 LNG 卸料臂进行气密性检测时，对所用氮气的露点没有要求。

答案：×

正确答案：用氮气对 LNG 卸料臂进行气密性检测时，对氮气的露点有要求，露点要低于 -40℃。

283. LNG 码头登船梯的悬梯采用可俯仰式，并带有自由浮动机构，整个悬梯与平台旋转以适应各类使用情况。

答案：√

284. LNG 码头辅助靠泊设施包括激光辅助靠泊、缆绳张力监测、船岸连接通信和环境监测等 4 个子系统。

答案：√

285. 开敞式 LNG 码头靠泊 LNG 船舶时，较封闭式码头受风、浪、流影响更大。

答案：√

286. 当前行业中，绝大多数 LNG 码头采用“一字型”布置。

答案：×

正确答案：当前行业中，绝大多数 LNG 码头采用“蝶形”布置。

287. 有掩护的 LNG 码头，也称开敞式 LNG 码头。

答案：×

正确答案：无掩护的 LNG 码头，也称开敞式 LNG 码头。

288. 当前行业中，LNG 船舶装载的 LNG 产生的蒸发气(BOG，Boil - off Gas)均无法作为推进燃料。

答案：×

正确答案：当前行业中，有不少的 LNG 运输船是可以利用蒸发气(BOG，Boil - off Gas)作为推进燃料的。

289. 在 LNG 船舶的设计中，考虑的主要因素是能适应超低温介质的材料，以及对易挥发、易燃物的处理。

答案：√

290. 因薄膜及绝缘材料和结构的不同，目前航运市场上薄膜型 LNG 运输船的两种类型是 GTT No. 96 型和 GTT Mark Ⅲ型。

答案：√

291. 根据当前行业相关设计规范，LNG 船舶靠泊法向速度通常控制在 20cm/s。

答案：×

正确答案：根据当前行业相关设计规范，LNG 船舶靠泊法向速度通常控制在 10cm/s 以内。

292. LNG 码头激光辅助靠泊系统能测量、计算和显示风速。

答案：×

正确答案：LNG 码头激光辅助靠泊系统不能测量、计算和显示风速。

293. LNG 码头靠船墩上设有护舷，可有效缓冲 LNG 船舶靠泊过程中产生的冲力。

答案：√

294. 为方便操作，系缆人员进行系/解缆作业时不需要穿戴救生衣。

答案：×

正确答案：系缆人员进行系/解缆作业时必须穿戴救生衣。

295. 为保障系缆作业安全，当船舶缆绳为钢丝等较重材质缆绳时，系缆作业应采用逐根带缆的方式。

答案：√

296. 系缆作业时，应“从外往里”系缆，即先系首尾缆，最后系首尾倒缆。

答案：×

正确答案：系缆作业时，应“从里往外”系缆，即先系首尾倒缆，最后系首尾缆。

297. 为提高作业效率，卸料臂连接完成后，应马上进行卸料臂预冷操作。

答案：×

正确答案：卸料臂连接完成后，必须先进行气密测试和吹扫置换，合格后才可开始卸料臂预冷的相关准备工作。

298. 卸货作业完成后，必须等到船岸双方完成卸料臂排凝作业，并经惰性气体吹扫置换合格后，才允许拆除卸料臂。

答案：√

299. 进行卸货作业时，码头卸料管线主切断阀的旁路阀必须打开。

答案：×

正确答案：进行卸货作业时，码头卸料管线主切断阀的旁路阀通常是关闭的。

300. 当前，天然气跨国间的国际贸易交付货物形态大多数为液化天然气（LNG）。

答案：√

301. 当前，天然气跨国间的国际贸易交付货物形态大多数为气态天然气（NG）。

答案：×

正确答案：当前，天然气跨国间的国际贸易交付货物形态大多数为液化天然气（LNG）。

302. 当前，LNG 国际贸易中，所占比重最大的 LNG 运输方式是用 LNG 运输船通过海路运输。

答案：√

303. 变配电室（站）和仪表机房未经授权的人员禁止进入变配电室（站）和仪表机房，禁止触碰站内设备。

答案：√

304. 易燃易爆场所防雷装置及防静电接地装置应每年进行一次检测。

答案：×

正确答案：易燃易爆场所防雷装置及防静电接地装置应半年进行一次检测。

305. 应急照明设施宜每年进行一次检查和维护。

答案：×

正确答案：应急照明设施宜每半年进行一次检查和维护。

306. 接收站的生活污水应进行收集处理，直接排放。

答案：×

正确答案：接收站的生活污水应进行收集处理，达到当地的污水排放指标后才可进行排放。

307. 接收站 SCV 排放的废气应进行检测，其中一氧化碳和氮氧化合物的含量不应超过环境保护主管部门规定的浓度。

答案：√

308. 在作业前进行持续的气体检测即可，作业过程中可不予检测。

答案：×

正确答案：在作业过程中，应进行持续的气体检测，如发现可燃气体浓度超过规定值，应立即停止作业。

309. 民用电梯不属于特种设备。

答案：×

正确答案：民用电梯属于特种设备。

310. 有压力的容器都属于特种设备。

答案：×

正确答案：有压力的容器不都属于特种设备。

311. 特种设备的使用需要登记注册。

答案：√

312. 电梯的管理范畴包括载人电梯、自动扶梯、自动人行道，不包括载货电梯。

答案：×

正确答案：电梯的管理范畴包括载人电梯、自动扶梯、自动人行道，也包括载货电梯。

313. 场内的叉车属于特种设备，但不需要年检。

答案：×

正确答案：场内的叉车属于特种设备，需要年检。

314. 安全阀、压力表等安全附件也属于特种设备的管理范畴。

答案：√

315.《劳动法》中劳动者享有的主要权力不包括获得劳动安全卫生保护的权利。

答案：×

正确答案：《劳动法》第三条劳动者享有平等就业和选择职业的权利、取得劳动报酬的权利、休息休假的权利、获得劳动安全卫生保护的权利、接受职业技能培训的权利、享受社会保险和福利的权利、提请劳动争议处理的权利以及法律规定的其他劳动权利。

316. 在录用职工时，除国家规定的不适合妇女的工种或者岗位外，不得以性别为由拒绝录用妇女或者提高对妇女的录用标准。

答案：√

317.《劳动法》规定，用人单位可以因劳动者的种族、宗教信仰不同而设定不同的招聘要求。

答案：×

正确答案：《劳动法》第十二条劳动者就业，不因民族、种族、性别、宗教信仰不同而受歧视。

318.《劳动合同法》规定，用人单位自用工之日起满 6 个月不与劳动者订立书面劳动合同的，视为与劳动者已订立无固定期限劳动合同。

答案：×

正确答案：《劳动合同法》第 14 条规定：用人单位自用工之日起满一年不与劳动者订立书面劳动合同的，视为用人单位与劳动者已订立无固定期限劳动合同。

319. 根据《劳动合同法》的有关规定，劳动合同由用人单位与劳动者协商一致，并经用人单位与劳动者在劳动合同文本上签字或者盖章生效。

答案：√

320. 根据《劳动合同法》的有关规定，培训是劳动合同的必备条款。

答案：×

正确答案：根据《劳动合同法》，培训是劳动合同的约定条款。

321. 计算机都是采用二进制数形式来表示数据的。

答案：√

322. 所谓“裸机”，是指只安装有操作系统软件的计算机。

答案：×

正确答案：裸机是指未安装操作系统的计算机。

323. 通常说的 286、386、586 计算机，是指 CPU 芯片的型号。

答案：√

324. 鼠标、打印机、硬盘分别属于输入设备、存储设备和输出设备。

答案：×

正确答案：对应顺序错误。应该为：鼠标、打印机、硬盘分别属于输入设备、输出设备和存储设备。

325. Windows 操作系统属于单用户多任务操作系统。

答案：√

326. 应用软件是指用户利用计算机所提供的各种系统软件编制出的解决用户各种实际问题的程序。

答案：×

正确答案：应用软件不是用户编制的，而是由专业的软件开发公司开发和销售的。

327. 在 Windows 操作系统中，按住 Alt 键不放，再按下 Tab 键，可以实现窗口间的切换。

答案：√

328. 采用 Ctrl + 空格键的方法可以实现全角和半角之间的切换。

答案：√

329. 硬盘的大小指的是硬盘的容量，而不是指硬盘的尺寸。

答案：√

330. 计算机用扩展名来区分不同的文件，用主文件名来区分不同的文件类型。

答案：×

正确答案：计算机用主文件名来区分不同的文件，用扩展名来区分不同的文件类型。

331. “公文包”是暂存所有被删除文件的地方。

答案：×

正确答案：“回收站”是暂存所有被删除文件的地方。

332. 资源管理器主要管理的对象是 Windows 操作系统中的文件，一共提供了 4 种显示文件的形式，即大图标、小图标、列表和详细资料。

答案：√

333. 在电脑正常(没有被病毒感染)的时候，应备份自己的重要文件，并拷贝几张 U 盘启动盘，以备急用。

答案：√

334. 杀毒软件可以检测出计算机系统或一张 U 盘中是否带有病毒，并对检测出来的病毒进行全部清除。

答案：×

正确答案：全部清除不可行。一般会清除大部分，无法清除的采取隔离操作。

335. 现代电信技术经历了电报时代和电话时代，目前是新的移动互联网时代。

答案：√

336. 计算机网络的功能主要体现在 3 个方面：信息交换、资源共享和分布式处理。

答案：√

337. 运行记录包含班长交接班记录本。

答案：√

338. 运行记录不包含外操交接班记录本。

答案：×

正确答案：运行记录包含外操交接班记录本。

339. 外操记录表是运行记录的一种。

答案：√

340. LNG 接收站的主要功能是液化天然气(LNG)接收、储存、BOG 处理、LNG 增压、LNG 汽化、天然气(NG)输出以及 LNG 装车输出。

答案：√

341. 非卸船期间，通过码头保冷循环维持卸料总管低温状态。

答案：√

342. 接收站内产生的 BOG 只能通过再冷凝工艺回收，在接收站零输出模式下 BOG 只能放空火炬。

答案：×

正确答案：BOG 除再冷凝回收外，还有经 BOG 压缩机加压后直接外输，或经 BOG 高压压缩机增压后进入高压外输管网外输。

343. 现场 LNG 装置泄漏后，在时间紧急的情况下，可以使用非防爆工具进行紧固，但不能使用电动工具进行紧固。

答案：×

正确答案：现场 LNG 装置泄漏后，在时间紧急的情况下，不可使用非防爆工具。

344. 听音棒除了可以用于听设备运行声音，也可以用于判断管道内流动的是气体还是液体。

答案：√

345. LNG 管道预冷过程中用肥皂水判断法兰处有无泄漏。

答案：×

正确答案：LNG 管道预冷过程中，用可燃气体检测仪检测有无泄漏。

346. 氮气的化学性质不活泼，常温下很难跟其他物质发生反应，但在高温、高能量条件下可与某些物质发生化学反应。

答案：√

347. 氮气占空气体积分数约 78%，1 体积水中大约只能溶解 0.02 体积的氮气。

答案：√

348. 在使用氮气时要非常注意，虽然氮气不易燃，但具有助燃性。

答案：×

正确答案：氮气无助燃性。

349. 使用露点温度低于 −40℃ 的氮气进行 LNG 卸料臂吹扫及气密性检测。

答案：√

350. LNG 卸料臂旋转接头吹扫氮气主要控制露点低于 −40℃，压力等其他参数无要求。

答案：×

正确答案：旋转接头吹扫氮气除控制露点外，还要控制吹扫压力。

351. 卸料臂旋转接头吹扫用氮气与卸料臂管线吹扫用氮气的压力不同。

答案：√

352. 仪表风压力低低不会引起全场停车。

答案：×

正确答案：仪表风压力低低会引起全场停车。

353. LNG 接收站使用的吹扫气体主要是仪表风。

答案：×

正确答案：LNG 接收站使用的吹扫气体主要是氮气。

354. 仪表风的水露点，应比历史上当地年(季)极端最低温度低。

答案：√

355. 装置干燥和置换的作用不相同。

答案：√

356. 在启动 BOG 压缩机前，应该采用氮气将缸内、管路和附属容器内的空气置换干净，并达到合格标准，杜绝事故的发生。

答案：√

357. 在进行 LNG 槽车充装操作前，必须对液相管线进行氮气吹扫，而气相管线无必须吹扫。

答案：×

正确答案：在进行 LNG 槽车充装操作前，必须对液相管线和气相管线进行吹扫。

358. LNG 管道干燥置换指标与 LNG 储罐干燥置换指标相同。

答案：×

正确答案：管道与 LNG 储罐干燥置换指标不同，管道露点 -40℃，储罐内罐 -20℃。

359. BOG 管线介质为气相，因此管线干燥露点合格的指标比 LNG 管线适当高一些。

答案：×

正确答案：指标相同。

360. 管道干燥时可采用热干空气进行。

答案：√

361. 工作介质为气体的管道系统不可用气密性试验代替压力试验。

答案：√

362. 气密性试验和水压试验的目的相同。

答案：×

正确答案：气密性试验是检测严密性的，水压试验是检测系统强度的。

363. 低压的液化天然气管线不需要进行气密性试验。

答案：×

正确答案：需要进行气密性试验。

364. 现场装置产生少量白色蒸汽后，可以通过便携式氧含量分析仪判定是 LNG 泄漏。

答案：×

正确答案：现场装置产生少量白色蒸汽后，通过便携式可燃气体检测仪判断 LNG 泄漏。

365. 使用便携式氧含量检测仪时应避免接触水，以免损坏设备。

答案：√

366. 使用便携式氧含量检测仪时被检测介质的温度不得超过设备说明书中操作温度范围。

答案：√

367. 露点仪测量天然气水露点时无法显示数值，是由于露点仪控制器量程设置不对。

答案：×

正确答案：露点仪测量天然气水露点时无法显示数值，不一定是由于量程设置不对。

368. 露点仪可以直接测出露点温度。

答案：√

369. 露点仪检测结果单位除可以显示℃外，还可显示 ppm(W)。

答案：√

370. 在校验、检定压力表时，轻敲表壳的目的是考验压力表的示值，以此判断压力表内部传动部件配合是否良好，有没有机械摩擦和机械阻力。

答案：√

371. 三阀组是差压变送器最常用的附件。它是由三个针形阀组成一体，由高导压阀、低导压阀和平衡阀组成。

答案：√

372. 三阀组方向如果安装反了不会造成任何影响。

答案：×

正确答案：三阀组方向如果安装反了，检修时会有影响。

373. 低温泵电缆、仪表缆接线箱氮封作用相同，正常运行时不需要关注。

答案：×

正确答案：需要关注，并依据氮封压力判断是否正常。

374. 低温泵电缆、仪表缆接线箱氮封内压力比泵筒内正常运行压力低，比外界大气压力高。

答案：√

375. 可通过观察低温泵电缆、仪表缆接线箱氮封压力的变化判断有无泄漏。

答案：√

376. 卸料臂旋转接头内的轴承为单列滚动轴承。

答案：×

正确答案：卸料臂旋转接头内的轴承为双列滚动轴承。

377. 卸料臂所有旋转接头轴承型号一致。

答案：×

正确答案：卸料臂所有旋转接头轴承型号不一致。

378. 为避免湿气进入，旋转接头法兰密封胶带缠到旋转接头的对接法兰上。

答案：√

379. 卸料臂旋转接头吹扫氮气的露点过高不影响使用。

答案：×

正确答案：氮气露点过高低温下可能出现明水，造成旋转接头冻结或腐蚀，因此影响使用。

380. 卸料臂旋转接头氮封能够使用润滑脂代替。

答案：×

正确答案：不能代替，氮封作用是吹扫水气和隔离钢球、LNG，防止结冰。

381. 卸料臂旋转接头吹扫氮气通过入口减压阀调节压力。

答案：√

382. 在对管道预冷时，需控制冷源缓慢降温。

答案：√

383. 管道在预冷过程中会收缩，滑动管托产生位移。

答案：√

384. 低温设备、管道是否进行预冷，对其使用寿命无影响。

答案：×

正确答案：低温设备管道在使用之前，进行可控的温降，可保障其使用寿命；不预冷会影响使用寿命。

385. 截止阀不可用于低温介质。

答案：×

正确答案：截止阀分为低温截止阀和高温截止阀、常温截止阀。

386. 截止阀对安装方向没有要求。

答案：×

正确答案：截止阀阀体标有流动方向指示，安装错误会影响到截止阀的使用效果及损坏截止阀阀芯

387. 截止阀可作为低温管道、设备的预冷控制阀门，通过调节截止阀的开度，控制预冷速度。

答案：√

388. 低温蝶阀因结构简单、尺寸小，无法作为流量调节使用。

答案：×

正确答案：蝶阀一般不作为流量调节，但是作为流量粗调节时可以用作流量调节。

389. 三偏心蝶阀可实现双向密封。

答案：√

390. 大口径蝶阀设置旁路的，如上下游压差大，应先打开旁路均压后再打开蝶阀。

答案：√

391. 操作阀门时应用手臂力量，严禁使用身体重力操作阀门。

答案：√

392. 操作高温高压阀门时身体应靠近并正对着阀门，便于阀门开关。

答案：×

正确答案：操作高温高压阀门时身体应站在阀门一侧，以防盘根泄漏造成人员受伤。

393. 固定管托不能产生位移，一般通过将 LNG 管道、保冷管托支座、钢结构通过导向柱焊接固定的方式实现。

答案：×

正确答案：固定管托通常通过焊接挡块、卡箍实现管托与钢结构支撑固定，不发生位移。

394. LNG 管道冷却时会收缩，主要通过滑动管托实现管道正常位移。

答案：√

395. 导向管托通过安装在钢结构支撑上大导向柱实现管道在某一方向上位移。

答案：√

396. 低温不锈钢为在低温下具有良好韧性的不锈钢。

答案：√

397. 不锈钢管道在低温下会收缩，因此管道布置时通过设置膨胀弯增加管道的柔性。

答案：√

398. 低温设备均由低温不锈钢制成，其他材料无法耐低温。

答案：×

正确答案：铝合金也可用于低温设备。

399. 对于不常操作的阀门，无须锁定，反正无人操作。

答案：×

正确答案：阀门状态应按设计要求设置锁定，防止误操作。

400. 因特殊原因操作锁开或锁关阀门时，应悬挂明显标识并进行记录。

答案：√

401. 阀门进行锁定是防止误操作而导致不必要的事故。

答案：√

402. 高空火炬设置长明灯，地面火炬无须设置长明灯。

答案：×

正确答案：高空火炬与地面火炬均设有长明灯。

403. 地面火炬对距离建筑物是有严格要求的，而高空火炬对距离建筑物无要求。

答案：×

正确答案：对距离都存在严格要求，且设置于全年最小频率风向的下风向。

404. 地面火炬与高架火炬在火炬气燃烧过程中均能看到火苗。

答案：×

正确答案：地面火炬气的燃烧是在圆柱形地面燃烧炉的本体内完成的，过程封闭，外界看不到火光。

405. 仪表风通常是指露点低于 -40℃的压缩空气。

答案：√

406. 仪表风是指给自动化仪表中的调节机构使用，如气动阀等的空气源。

答案：√

407. 仪表风一般用于投产、检修或工艺需要的吹扫。

答案：×

正确答案：工厂风一般用于投产、检修或工艺需要的吹扫。

408. 螺杆式空气压缩机的工作过程可分为进气、压缩、膨胀和排气四个过程。

答案：×

正确答案：螺杆式空气压缩机的工作过程可分为进气、压缩和排气三个过程。

409. 螺杆式空气压缩机是速度式压缩机中的一种，空气的压缩是靠装置于机壳内互相平行啮合的阴阳转子的齿槽之容积变化而达到。

答案：×

正确答案：螺杆式空气压缩机是容积式压缩机中的一种，空气的压缩是靠装置于机壳内互相平行啮合的阴阳转子的齿槽之容积变化而达到。

410. 螺杆压缩机是依靠转子的不断啮合输出压缩气体的，因此主轴转速的变化，对压缩机的容积流量、排气压力都会产生影响，因此主轴转速是影响螺杆压缩机性能的一大因素。

答案：√

411. 微热再生干燥装置是根据变压、变温吸附原理，利用微加热再生方法对压缩空气进行干燥的一种设备。

答案：√

412. 微热再生干燥装置有 1 个吸附解吸塔，吸附解吸塔内装分子筛。

答案：×

正确答案：微热再生干燥装置有 2 个吸附解吸塔，吸附解吸塔内装活性氧化铝。

413. 微热再生干燥装置的工作方式是两塔自动交替连续工作。

答案：√

414. PSA 制氮装置以活性氧化铝为吸附剂，运用变压吸附原理，分离空气中的氮气和氧气。

答案：×

正确答案：PSA 制氮装置以碳分子筛为吸附剂，运用变压吸附原理，分离空气中的氮气和氧气。

415. PSA 制氮装置碳分子筛 CMS 的孔直径在氮气和氧气分子直径之间。由于氧分子比氮分子体积大，因此被吸附在碳分子筛表面。

答案：×

正确答案：PSA 制氮装置碳分子筛 CMS 的孔直径在氮气和氧气分子直径之间。由于氧分子比氮分子体积小，因此被吸附在碳分子筛表面。

416. PSA 制氮过程中，压缩空气由下至上流经吸附塔，期间氧气分子在被碳分子筛固相吸附，氮气由吸附塔上端流出，进入一个缓冲罐。

答案：√

417. 全自动软化水器内装填强碱性阳离子交换树脂，新鲜水通过树脂时水中的钙、镁离子被吸附。

答案：×

正确答案：全自动软化水器内装填强酸性阳离子交换树脂，新鲜水通过树脂时水中的钙、镁离子被吸附。

418. 软化是运用离子交换的原理，用树脂罐中的钠离子交换树脂吸附水中的钙、镁离子，使水质得到软化的工作过程。

答案：√

419. 软化水是指经过处理后不含或含较少可溶性钙、镁化合物的水。

答案：√

420. 锅炉的燃烧热损失有排烟热损失、气体未完全燃烧热损失、机械未完全燃烧热损失、散热损失、灰渣物理热损失等。

答案：√

421. 锅炉上的安全阀每两年至少进行一次校验。

答案：×

正确答案：锅炉上的安全阀每一年至少进行一次校验。

422. 锅炉燃气系统的调压器具有降压和稳压作用。

答案：√

423. 在旋转滤网上下游安装压差计，当压差达到设定值时旋转滤网开始运行。

答案：×

正确答案：在旋转滤网上下游安装水位差计，当水位差达到设定值时旋转滤网开始运行。

424. 旋转滤网为网内进水、网外出水结构，污物被截留在网板外侧，旋转至顶部后翻转，在压力水冲洗下将污物卸到排污槽内。

答案：×

正确答案：旋转滤网为网外进水、网内出水结构，污物被截留在网板外侧，旋转至顶部后翻转，在压力水冲洗下将污物卸到排污槽内。

425. 海水旋转滤网通过带式过滤器的旋转除去海水中的垃圾，并通过海水的冲洗把垃圾冲到排污槽内。

答案：√

426. 滤网间每台拦污格栅必须配备一台移动式清污机。

答案：×

正确答案：滤网间多台拦污格栅可以总共配备 1 台移动式清污机。

427. 海水流道中在拦污栅的上下游设有水位差计与水位报警器连接，上下游水位差大到一定值时报警器发出信号给清污机，清污机在自己的轨道上自动行走至受堵塞的拦污栅位置进行动作清除污物。

答案：√

428. 在滤网间每一个进水流道在检修闸门之后设置一道拦污栅，拦污栅的栅条间距为 50cm，可拦截较大的污物。

答案：×

正确答案：在滤网间每一个进水流道在检修闸门之后设置一道拦污栅，拦污栅的栅条间距为 50mm，可拦截较大的污物。

429. 电解海水制氯装置由 1 组电解槽组成，包括 4 个 SRSM360/3 型电解槽，在电路上是并联的。

答案：×

正确答案：电解海水制氯装置由 1 组电解槽组成，包括 4 个 SRSM360/3 型电解槽，在电路上是串联的。

430. 使电流通过电解质溶液而在阴、阳两极引起氧化还原反应的过程叫作电解。LNG 接收站的电解介质为海水，通过电解海水制取次氯酸钠。

答案：√

431. 借助于电流引起氧化还原反应的装置，也就是把电能转变为物理能的装置叫作电解槽。

答案：×

正确答案：借助于电流引起氧化还原反应的装置，也就是把电能转变为化学能的装置叫作电解槽。

432. 反冲洗过滤器是利用阀门的关闭与开启来实现自动冲洗的。

答案：√

433. 在压力差的作用下，海水从全自动反冲洗过滤器被清洗的滤网外侧流向内侧，进行反冲洗，聚积在滤网内侧的污染物被冲掉并通过排污口排出过滤器。

答案：√

434. 反冲洗过滤器安装时必须确保进出水方向安装正确，一般水流从高位法兰流入，从低位法兰流出。

答案：×

正确答案：反冲洗过滤器安装时必须确保进出水方向安装正确，一般水流从低位法兰流入，从高位法兰流出。

435. 柴油消防泵配置直流 20V 启动电动机及 20V 充电发电机，其启动和运行不可与市电脱离。

答案：×

正确答案：柴油消防泵配置直流 24V 启动电动机及 24V 充电发电机，其启动和运行可完全与市电脱离。

436. 同时配备有电动消防泵与柴油消防泵的消防系统，一般柴油消防泵通常作为备用设施，在自动状态下接到消防信号且电动消防泵故障时或电源断电的情况下才自动启动。

答案：√

437. 柴油消防泵以柴油机为动力，通过专业厂家生产的高弹性联轴器或膜片式联轴器与水泵直接连接，由分体式控制屏及可编程控制器或柴油机控制系统实现柴油机泵组的自动控制。

答案：√

438. 离心泵启泵时，如果泵壳内和吸入管路没有充满液体，因为空气的密度比液体小得多，在叶轮旋转时，产生的离心力不足以在泵内造成足够的真空来抽吸液体。

答案：√

439. 离心泵启动前无须灌泵。

答案：×

正确答案：离心泵启动前需灌泵。

440. 离心泵切换时先停止运行泵，再启动备用泵。

答案：×

正确答案：离心泵切换时先启动备用泵，再停止运行泵。

441. 消防稳压泵在消防水罐液位低报警的情况下被限制启动。

答案：×

正确答案：消防稳压泵在消防水罐液位低低报警联锁的情况下被限制启动。

442. 稳压泵的设计流量不应大于消防给水系统管网的正常泄漏量和系统自动启动流量。

答案：×

正确答案：稳压泵的设计流量不应小于消防给水系统管网的正常泄漏量和系统自动启动流量。

443. 稳压泵的自动启停一般根据稳压泵后“压力开关”或“压力变送器”的压力设定值来控制。

答案：√

444. 储水罐设有液位计，高低液位报警，并与入口控制阀门联锁，高液位时关闭入口阀门，低液位开启入口阀门。

答案：√

445. LNG 接收站水罐内的水利用水位高差产生的自压进入水泵入口。

答案：√

446. LNG 接收站消防水罐和生产水罐相互独立，生产给水储水罐不可兼做低压消防水储罐为厂前区各建筑物提供消防用水。

答案：×

正确答案：LNG 接收站消防水罐和生产水罐之间通过跨线联通，生产给水储水罐可兼做低压消防水储罐为厂前区各建筑物提供消防用水。

447. 液氮储存罐增压压力控制阀的压力点取自液氮储存罐底部。

答案：×

正确答案：液氮储存罐增压压力控制阀的压力点取自液氮储存罐顶部。

448. 液氮储存罐由一个碳钢真空外壳和置于其中的不锈钢内罐构成，用来长期保持真空度的绝热层在工厂做持久性密封，以确保达到良好的真空度。

答案：√

449. 一般每台液氮储存罐配有附属防爆片装置，以进一步防止升压过剩，此防爆片在安全阀发生故障和压力超过防爆片承受压力时会完全爆裂使内罐压力被释放。

答案：√

450. 空浴式气化器是利用空气热辐射加热换热管中的低温液态气体，使其完全蒸发成气态气体的一种高效节能换热设备。

答案：×

正确答案：空浴式气化器是利用空气自然对流加热换热管中的低温液态气体，使其完全蒸发成气态气体的一种高效节能换热设备。

451. 空浴式气化器翅片管具有一中心管，管外为径向翅片，液体在管内流动，依靠翅片吸收外界环境热量传递到管内液体以实现液体吸热汽化。

答案：√

452. 空浴式气化器的导热管是将散热片和管材挤压成型，其横截面一般为圆形翅片。

答案：×

正确答案：空浴式气化器的导热管是将散热片和管材挤压成型，其横截面一般为星形翅片。

453. 卸料臂双球阀的开关状态不影响卸料臂卸料前气密和吹扫置换工作。

答案：×

正确答案：会直接影响，卸料臂在气密和吹扫置换时，双球阀应该处于打开状态。

454. 卸料臂在进行气密、置换时应注意监控卸料臂的压力。

答案：√

455. 国内 LNG 接收站的船岸通信系统至少都包括了光纤及电缆连接两种方式。

答案：√

456. 卸船过程中没有屏蔽(旁路)船岸 ESD 信号的情况下可以随意切换光纤和电缆。

答案：×

正确答案：没有屏蔽(旁路)船岸 ESD 信号的情况下不可以随意切换光纤和电缆，会造成 ESD 联锁。

457. 船岸通信系统只用于 LNG 船舶。

答案：×

正确答案：船岸通信系统是海上通信系统的组成部分，就是船舶和岸上之间进行通信的系统，适用于各种船舶。

458. 不同类型的船岸通信系统，在 LNG 船卸料期间可以同时工作。

答案：×

正确答案：不同类型的船岸通信系统，在 LNG 船卸料期间不可以同时工作。

459. LNG 船岸通信系统的光纤和电缆卷盘，都放置在码头控制室。

答案：×

正确答案：LNG 船岸通信系统的光纤和电缆卷盘，都放置在码头靠船平台。

460. 船岸通信系统至少有 1 台人机界面与电缆和光纤模式相对应。

答案：√

461. 卸料臂内臂及外臂通过一个风浪锁实现锁定。

答案：×

正确答案：内臂通过风浪锁锁定，外臂通过关闭液压油阀门实现锁定。

462. 快速连接接头(QCDC)通过液压驱动锁紧法兰，因此只能连接同一厚度的法兰。

答案：×

正确答案：QCDC 夹具上安装了弹簧组件，可以补偿一定法兰厚度偏差，因此可用于连接一定厚度范围的法兰。

463. 卸料臂快速接头支撑的作用是用于降低直接施加在 LNG 船集管上的载荷。

答案：√

464. 主梯俯仰机构采用液压油缸驱动，为保证船舶随潮位变化上下位移后三角梯搭在船舶上，油缸在工作时采取浮动模式。

答案：√

465. 登船梯设计风速有工作状态最大风速和非工作状态最大风速，其中工作状态最大风速大于非工作状态最大风速。

答案：×

正确答案：工作状态最大风速小于非工作状态最大风速。

466. 登船梯升降系统失速及钢丝绳意外断裂或断电情况下，升降架自动锁紧在塔架轨道内，停在运行处，具有防止坠落功能。

答案：√

467. 离心泵的叶轮按照结构形式可分为闭式、开式和半开式，其中叶轮效率最高的是开式叶轮。

答案：×

正确答案：离心泵的叶轮按照结构形式可分为闭式、开式和半开式，其中叶轮效率最高的是闭式叶轮。

468. LNG 罐内离心泵在启动时的启动电流为正常运行时电流的 5 ~7 倍。

答案：√

469. LNG 罐内泵主要通过扩散器将流体的动能转化为压力能，低压泵对流体做功的主要部件为叶轮。

答案：√

470. 罐内离心泵安装于底阀上面，依靠泵的重力作用不能打开底阀。

答案：×

正确答案：罐内离心泵安装到底阀上后，依靠泵的重力作用可以打开底阀。

471. 当罐内离心泵取出维修时，在弹簧的作用力和储罐内静压的共同作用下，底阀关闭，将储罐空间与泵筒空间隔离。

答案：√

472. 地衡由承载器、框架、称重传感器、连接件、接线盒、称重显示仪表组成，不包括引坡、大屏幕显示器、打印机、稳压电源等。

答案：×

正确答案：可以选配引坡、大屏幕显示器、打印机、稳压电源等。

473. 地衡由 1 ~2 个传感器组成一次转换元件。通常传感器分布在承重台中心正下方，构成传感器系统。

答案：×

正确答案：通常传感器分布在承重台四周。

474. 地衡的限位机构，允许承重台系统在一定范围内摆动，但限制它的水平位移。

答案：√

475. 称重时，操作人员应确认槽车完全驶入磅台。

答案：√

476. 地磅传感器及称体的限位间隙每年检查一次，间隙过大不会影响称重，间隙过小会影响称重。

答案：×

正确答案：间隙过大会影响称重。

477. 地磅传感器及称体的限位间隙必须经常检查，发现间隙不合适应立即调整，否则将严重影响称重。

答案：√

478. LNG 槽车装卸臂仪表撬装系统是专门用于低温液化天然气装卸汽车作业的整体解决方案。

答案：√

479. LNG 装车撬的 PLC 逻辑控制系统不能实现整个装卸工艺流程的控制、监视、预调和测试。

答案：×

正确答案：LNG 装车撬的 PLC 逻辑控制系统可以实现整个装卸工艺流程的控制、监视、预调和测试。

480. LNG 装车撬批量控制器可以动态显示充装生产过程、工艺参数及设备运行状态。

答案：√

481. 撬装设备是指将一组设备固定在一个角钢或工字钢制成的底盘上，可用撬杠和现代起重设备进行移动、就位，撬装是设备框架和设备整体组合的一种形式。

答案：√

482. 装车撬组是指将装车控制仪、流量计阀门、管道、附属设备、鹤管、中间连接件及电缆、桥架等集成在一个整体的钢结构平台上，只预留工艺连接口和控制电源和通信接口，这个整体集成部分称为装车撬组。

答案：√

483. 装车撬是将装车控制仪、工艺阀门、地衡称重系统整合为一、便于操作，这个整体集成部分称为装车撬组。

答案：×

正确答案：地衡称重系统不属于装车撬组。

484. LNG 装车臂结构主要包括 LNG 鹤管、低温装车臂由立柱、液相臂、气体回收臂、平衡装置、氮气吹扫装置、导静电装置、旋转接头等机构组成。

答案：√

485. LNG 装车臂、旋转接头要求密封可靠、转动灵活并具有较高的强度，不使用时，可临时将装车臂放置地面。

答案：×

正确答案：装车臂应放置在归位装置内，不可放置地面。

486. 装车时，LNG 装车臂旋转接头必须保证氮气持续吹扫，维持微正压，不装车时，可临时关闭氮气吹扫，节约氮气消耗。

答案：×

正确答案：无论是否装车，LNG 装车臂旋转接头必须保证氮气持续吹扫，维持微正压。

487. LNG 装车撬工艺流程中的质量流量计在装车过程中测量装车量，由于 LNG 装车过程中产生 BOG 回气，质量流量计计量结果仅作为系统控制依据，不作为贸易交割计量依据。

答案：√

488. LNG 装车撬工艺流程中的质量流量计在装车过程中测量装车量，质量流量计需按时校准，计量准确时方可作为贸易交割计量依据。

答案：×

正确答案：质量流量计不可作为贸易交割计量依据，应以地衡实际称重为计量依据

489. LNG 装车撬工艺流程中的气动切断球阀，分别安装在液相线和气相线，用于装车

前后对工艺管线的切断，兼作紧急切断阀，一般采用双电磁阀结构，和全厂的ESD系统联锁。

答案：√

490. 装车臂是装车橇中的关键设备，LNG装车臂采用双臂带立柱结构，两条臂上下安装，分别接槽车的液相口和气相口，用于LNG装车和BOG回气。

答案：√

491. 装车臂采用立柱支撑结构，有利于减少臂内侧旋转接头受力，减少磨损，延长密封件寿命。

答案：√

492. 每条LNG装车臂上安装有3个旋转接头，保证装车臂的接口能够在360°空间内自由活动，同时也保证装车臂接口和槽车接口连接后处于正对状态。

答案：×

正确答案：每条LNG装车臂上安装有5个旋转接头。

493. 运行操作人员在每次巡检时，遵循"听，摸，比，看，闻"五字巡检要素，保证巡检效果。即：听——听其声，摸——摸其体，比——比其状，看——看其况，闻——闻其味。

答案：√

494. 各岗位应按照规定巡检路线进行，突出重点部位及检查内容。巡检过程加强与控制室人员的联系沟通及数据校对，出现较大偏差操作人员无法解决，应将问题移交至下一班组。

答案：×

正确答案：出现较大偏差的应联系仪表维护人员检查确认并及时处理。

495. 巡检发现的问题，如若已经处理，可不在交接班日记中做详细记录。

答案：×

正确答案：巡检发现的问题，无论是否已经处理，都要在交接班日记中做详细地记录。需要上一级处理的，要及时报槽车站值班领导及生产调度。

496. LNG装车撬液相管线设有压力高报警，一旦出现压力高报，将会联锁停车。

答案：×

正确答案：不会联锁停车。

497. LNG装车总管压力升高，将会造成装车撬流速增快，会有超装的风险。

答案：√

498. LNG装车撬全速充装时，流量调节阀处于全开状态。

答案：×

正确答案：全速充装时，流量调节阀处于60%左右开度。

499. 按照LNG储罐的安装位置，LNG储罐可分为地上和架空两类。

答案：×

正确答案：按照储罐的安装位置，LNG储罐可分为地上和地下两类。

500. 按照 LNG 储罐的形状，LNG 储罐可分为球形罐和圆柱形罐。

答案：√

501. 按 LNG 储罐围护结构分类可分为单容罐、双容罐、全容罐、薄膜罐。

答案：√

502. LNG 储罐内罐一般采用 9% Ni 钢。

答案：√

503. 全容式 LNG 储罐外罐壁采用 16Mn 低温钢材料。

答案：×

正确答案：全容式 LNG 储罐外罐壁采用预应力低温混凝土材料。

504. 全容式混凝土液化天然气储罐的罐底承台若采用架高设计，则在罐底需要安装一套加热系统。

答案：×

正确答案：全容式混凝土液化天然气储罐的罐底承台若采用架高设计，则无须加热系统。

505. LNG 储罐选用全包容式预应力钢筋混凝土围挡形式，由钢筋混凝土外罐、9% Ni 钢内罐、铝吊顶、保冷结构及相应配套管廊等设施构成。

答案：√

506. 罐顶穹顶放空线及环形空间放空线主要用于储罐干燥置换。

答案：√

507. 储罐珍珠岩填充口集中在罐内泵井附近，在储罐珍珠岩下沉后补充时使用。

答案：×

正确答案：储罐珍珠岩填充口均布在罐顶，在储罐投用前填充珍珠岩时使用，便于填充均匀。

508. 液位是储罐运行的重要参数，储罐运行时只需避免液位过高冒罐，因此只需设置液位高报警，无须设置低报警。

答案：×

正确答案：储罐运行时除避免液位过高冒罐外，还需避免液位过低导致罐内泵汽蚀，因此除设置液位高报警外还需设置低报警。

509. 每台储罐均需设置地震加速度仪用于检测有无地震，地震加速度仪安装在每台外罐底板上。

答案：×

正确答案：罐区总共需要安装 3 台即可，各台储罐共用，地震加速度仪安装在罐区地面。

510. LNG 储罐 LTD 测量系统有人工和自动两种操作模式。

答案：√

511. 泵筒排凝管线排凝口在泵筒底部，并且在高压泵预冷时为泵提供冷源 LNG。

答案：√

512. LNG 高压泵是泵体和屏蔽电机构成的整体密封式屏蔽泵，利用 LNG 自润滑和冷却。

答案：√

513. 高压泵泵筒放空线只可以放空至再冷凝器。

答案：×

正确答案：根据各接收站设计不同，高压泵泵筒放空线一般放空至再冷凝器，也可以放空至 BOG 系统。

514. 高压外输泵和罐内泵均属于动力式泵。

答案：√

515. 一般情况下，高压泵为多级离心泵，增加叶轮其额定流量变大，但不影响出口压力。

答案：×

正确答案：一般情况下，高压泵为多级离心泵，增加叶轮其额定流量不变，出口压力升高。

516. 相同设计的高压泵添加的叶轮越多，其必需汽蚀余量就越大。

答案：×

正确答案：必需汽蚀余量不变。

517. 高压泵轴向力的平衡是通过推力平衡机构来实现的。

答案：×

正确答案：高压泵轴向力的平衡是通过平衡鼓来实现的。

518. 高压泵电缆密封接头内绝缘子的材料为石墨。

答案：×

正确答案：高压泵电缆密封接头内绝缘子的材料为环氧树脂。

519. 高压泵电缆接头密封处充氮气的作用是保证接头处于一定压力的惰性气体保护环境中。

答案：√

520. 高压泵电缆接头密封氮气可以用相同压力的净化空气代替。

答案：×

正确答案：不可以用净化空气代替。

521. LNG 接收站内 ORV 和 IFV 热源都是来自海水。

答案：√

522. 目前接收站大型 LNG 气化器有 ORV、SCV 和空浴式三种。

答案：×

正确答案：目前接收站大型 LNG 气化器有 ORV、SCV 和 IFV 三种。

523. ORV 的能耗主要是电能，IFV 的能耗主要是中间介质。

答案：×

正确答案：ORV 和 IFV 的能耗都主要是电能。

524. 接收站LNG气化器进出口管线上的切断阀至少布置在温度控制点10m以外。

答案：×

正确答案：15m以外。

525. 开架式气化器是以海水作为LNG汽化热源的加热器。

答案：√

526. 开架式气化器的LNG是从上往下流动的，海水则是从下往上流动的。

答案：×

正确答案：开架式气化器的LNG是从下往上流动的，海水则是从上往下流动的。

527. 开架式海水气化器LNG汇管在顶部，NG汇管在底部。

答案：×

正确答案：开架式海水气化器LNG汇管在底部，NG汇管在顶部。

528. ORV海水流量降低必造成出口温度过低。

答案：×

正确答案：ORV海水流量降低可能造成出口温度降低，不一定过低。

529. 下游用气量大会造成SCV气化器出口天然气温度低。

答案：×

正确答案：下游用气量大不一定会造成SCV气化器出口天然气温度低。

530. 在SCV正常运行过程中，燃烧产生的烟气与水浴不能直接接触。

答案：×

正确答案：在SCV正常运行过程中，燃烧产生的烟气与水浴直接接触。

531. SCV鼓风机将燃烧器的烟气直接排入水浴中，LNG管束可与水浴和烟气同时进行换热而汽化。

答案：√

532. IFV充有适量中间介质浸没换热管，海水在管束内从一侧到另一侧流动将热量传给中间介质使之汽化，汽化后在浮升力作用上升到凝结器换热束中放热凝结，同时将LNG汽化。

答案：√

533. IFV用丙烷作为中间介质利用其高沸点的特点，避免直接换热时由于海水结冰对传热效果的影响。

答案：×

正确答案：IFV用丙烷作为中间介质利用其低沸点的特点，避免直接换热时由于海水结冰对传热效果的影响。

534. 中间介质气化器运行中，海水直接对液化天然气加热，充分利用海水的热能提高加热的速度。

答案：×

正确答案：中间介质气化器运行中，海水与天然气及中间介质都有换热。

535. 中间介质气化器可采用丙烷或乙二醇作为中间加热介质。

答案：√

536. 开架式海水气化器海水分布器的作用是海水形成水膜覆盖翅片换热管表面。

答案：√

537. ORV 海水分布槽内橡胶塞的作用是分配海水流量。

答案：×

正确答案：ORV 海水分布槽内橡胶塞的作用是：当取掉橡胶塞后排放水槽内的海水。

538. 开架式海水气化器翅片自身设计不合理会导致翅片结冰。

答案：√

539. 开架式海水气化器 LNG 入口管道的振动会导致海水槽振动。

答案：×

正确答案：开架式海水气化器 LNG 入口管道的振动不会导致海水槽振动。

540. ORV 海水分配器的作用是均匀分配海水至管束板外壁。

答案：√

541. SCV 气化器主要由浸没燃烧器、烟囱、换热管束、鼓风机等组成。

答案：√

542. SCV 燃料气是在燃烧器内部与空气混合引燃的。

答案：√

543. 为提高换热效率，SCV 换热管束全部浸没在水浴液位以下。

答案：×

正确答案：SCV 换热管束并没有全部浸没在水浴液位以下。

544. 由于 SCV 在运行过程中会产生水，使得水池液位不断缓慢升高，操作员要定期对水池手动排水。

答案：×

正确答案：产生的水通过溢流口流出，无须手动排水。

545. IFV 的中间介质丙烷长期使用后会有少量损失，需要定期补充丙烷液位。

答案：√

546. LNG 在经过 IFV 时的整个升温过程，LNG/NG 一直经过管程。

答案：×

正确答案：天然气第二次升温走壳程。

547. 海水作为 IFV 的热源，在流经 IFV 时先是经过管程再经过壳程。

答案：×

正确答案：在流经 IFV 时先是经过管程。

548. 市政供水为清洁可饮用水，可以供 SCV 直接使用。

答案：×

正确答案：氯离子含量低于 25ppm 的软化水，pH 值 5 ~9。

549. SCV 运行过程中，天然气燃烧会产生酸性气体，使水浴 pH 值降低。

答案：√

550. SCV 运行过程中，水浴 pH 值会缓慢降低，当 pH 值降至 5 时，必须用中性水对水浴中的水进行置换。

答案：×

正确答案：加碱中和后可继续使用。

551. 作业人员要定期对 SCV 中水浴 pH 值进行化验，与在线 pH 计进行比对，确保水池 pH 值始终在正常范围内。

答案：√

552. 计量撬超声波流量计前后管段均留有充足的直管段，所以流量计的安装时不需要考虑安装方向。

答案：×

正确答案：有安装方向。

553. LNG 接收站每一路外输计量撬均设有过滤器，避免杂质影响计量。

答案：×

正确答案：接收站 LNG 非常清洁，无须设置过滤器。

554. 计量撬超声波流量计前设有气体整流器，可避免紊流等不规则流动对计量产生影响。

答案：√

555. 发球筒是与相对应管线直径相同的，具有特定作用的天然气管段。

答案：×

正确答案：发球筒只有出口管段是相对应管线直径相同的。

556. 发球筒一般安装在主管道的上游端，用于发射清管器，在管道投产前通球扫线及投产后的清蜡、扫油、除垢等。

答案：√

557. 发球筒前端安装法兰盖(用于装球)，后端用于与管线相连，可以焊接也可以法兰连接(带变径)。

答案：√

558. 部分单壳单罐式再冷凝器内部构件主要由破涡器、液体分布器、液体折流板、气体折流板、填料支撑板、闪蒸盘等组成。

答案：√

559. 液体分布器和气体分布盘是再冷凝器主要结构部件，主要作用是增大 BOG 和 LNG 的接触面积，提高冷凝效果。

答案：√

560. 双壳双罐式再冷凝器采用双罐，且每个罐都有两层罐壁，内壁与外壁之间有环隙空间，环隙空间底部与内罐相连，顶部不相通，且内罐和外罐都有填料层。

答案：×

正确答案：只有内罐中有填料层。

561. BOG 压缩机入口缓冲罐和 BOG 再冷凝器都有两台 PSV，其原因是在一台 PSV 进行校验时，另一台 PSV 投用，不影响设备运行。

答案：√

562. 再冷凝器常用的填料鲍尔环属于散装填料。

答案：√

563. 再冷凝器填料的作用是为 BOG 和 LNG 提供充分的接触面，可将 BOG 与 LNG 充分混合冷凝。

答案：√

564. 散装填料主要有拉西环、鲍尔环、阶梯环、丝网波纹填料等。

答案：×

正确答案：丝网波纹填料是规整填料。

565. BOG 经压缩机加压后在再冷凝器内经放热过程后温度降低变成液体。

答案：√

566. 直接对 BOG 升压外输比通过将 BOG 再冷凝后加压汽化外输更节能。

答案：×

正确答案：BOG 再冷凝后加压汽化外输比 BOG 升压外输节能

567. 再冷凝器与高压泵泵筒放空线相连，控制再冷凝器的液位来确保高压泵筒总是充满 LNG。

答案：√

568. 在生产操作中，再冷凝器有冷凝 BOG 和作为高压泵入口缓冲罐的双重功能。

答案：√

569. 减温器用于压缩机入口缓冲罐之前，旨在给压缩机入口 BOG 降温。

答案：√

570. 减温器两个入口来源是 NG 自 BOG 总管来、LNG 自高压泵出口总管来，出口去往 BOG 压缩机入口缓冲罐。

答案：×

正确答案：LNG 自低压总管来。

571. 在减温器中，通过向管道内喷淋少量 LNG，降低 BOG 压缩机入口的气体温度，从而降低压缩机出口温度，降低压缩机功耗。

答案：√

572. 往复式压缩机实际吸气过程中气缸内吸气压力大于吸入管路内气压。

答案：×

正确答案：气缸内吸气压力小于吸入管路内气压。

573. BOG 压缩机工作过程连杆将曲轴的旋转运动转换为活塞的往复运动。

答案：√

574. 由于余隙容积的存在，往复式压缩机实际工作过程比理论工作过程多了膨胀过程。

答案：√

575. 接收站 BOG 压缩机活塞杆与十字头靠螺纹连接。

答案：√

576. 十字头被限定在压缩机机体滑道内，只能做往复运动。

答案：√

577. BOG 压缩机主要由电机、气缸、中体、曲轴箱、油站 5 部分组成。

答案：√

578. BOG压缩机刮油环反装不会造成润滑油进入隔离腔。

答案：×

正确答案：会造成润滑油进入隔离腔。

579. BOG压缩机冷却水系统主要由冷却水泵、冷却风机、电加热器、氮气缓冲罐、管道、阀门等设备组成。

答案：√

580. BOG压缩机冷却水供应压力低低报警后BOG压缩机不会自动停车，但要手动停车。

答案：×

正确答案：BOG压缩机会自动停车。

581. BOG压缩机冷却水泵一用一备，当冷却水供应压力小于0.2MPa时第二台泵自动启动。

答案：√

582. 润滑油系统为压缩机的曲轴、连杆、大小轴瓦、十字头、滑道等各点提供润滑。

答案：√

583. 低温BOG压缩机启动后，运行一定时间，油压正常后，停止辅油泵。

答案：√

584. 压缩机的润滑系统通常设置有曲轴驱动的主油泵和辅助电动机驱动的辅油泵。

答案：√

585. BOG压缩机的冷却方式为LNG冷却。

答案：×

正确答案：油冷或水冷。

586. BOG压缩机入口分液罐可作为临时收集BOG气体中LNG液滴的容器。

答案：√

587. 在正常生产时，BOG压缩机的入口分液罐底部排液管线至BOG排凝罐是导通的，以便入口分液罐内有液体时能及时排到BOG排凝罐中。

答案：√

588. BOG压缩机入口分液罐上部设计安装了捕雾装置，作用是防止LNG小液滴进入BOG压缩机入口。

答案：√

589. 过滤器原理是当流体进入置有一定规格滤网的滤筒后，其杂质被阻挡，而清洁的滤液则由过滤器出口排出。

答案：√

590. 随着过滤器的使用其过滤速度越来越快。

答案：×

正确答案：随着过滤器的使用其过滤速度越来越慢。

591. 为了防止杂质的输入，在管道上安装有过滤器，过滤器对管道不会产生任何压力损失。

答案：×

正确答案：过滤器对管道会产生压力损失。

592. 接收站燃料气的用途包括给火炬备用燃料气、LPG 钢瓶补气。

答案：×

正确答案：接收站燃料气不可以给钢瓶补气

593. 站场燃料气的去向分别是：火炬长明灯、食堂、锅炉、SCV。

答案：√

594. 燃料气来源包括 BOG 压缩机出口、气化器出口。

答案：√

595. 燃料气加热器属于压力容器，应定期检查，壳体如有严重变形、裂纹，应予以补焊或更换。

答案：√

596. 发现加热器漏电，应检查接地和绝缘。

答案：√

597. 燃料气加热器开车前 ORV 已经投用并有外输气和燃料气产生，SCV 燃料气系统不需要做好进气准备。

答案：×

正确答案：需要做好进气准备。

598. 高空火炬在手动点火模式下，可以长时间按住点火按钮直到看见火炬点燃。

答案：×

正确答案：不可以长时间按住点火按钮。

599. 高空火炬底部 U 形管加注水形成水封的主要作用是防止空气进入。

答案：√

600. 高空火炬优点是投资少，占地面积大，对污染物处理因为在高空的关系比地面火炬更环保，热辐射影响范围小；缺点是检修不便，有光和噪声污染。

答案：×

正确答案：地面火炬优点是投资少，热辐射影响范围小。

601. 地面火炬区域设有可燃气体报警探头，存在可燃气体泄漏时将发出警报并传送至 FGS，以保证接收站人员及设备的安全。

答案：√

602. 地面火炬均配有长明灯，其中一、二、三、四级燃烧各配备一定数量的长明灯，长明灯作用是引燃各级排放来的火炬气。

答案：√

603. 火炬分液罐是火炬系统的主要组成部分，火炬分液罐主要由罐体、附属管道、检测仪表及电加热组成。

答案：√

604. 分液罐的型式为卧式，内带潜液式电加热器。

答案：√

605. 火炬排放气通过管线进入火炬界区后，通过火炬分液罐分离出较大的液滴，防止火炬气夹带液滴，出现火雨现象。

答案：√

606. 通常来说，精馏塔的塔顶回流进料口布置在第一层塔板位置。

答案：√

607. 脱甲烷塔每层塔板上的浮阀可以上下浮动，上下浮动的开度大小不受塔内气相负荷影响。

答案：×

正确答案：浮阀开度的大小与塔内上升气相负荷有关，通常气相负荷大，浮阀开度也大。

608. 浮阀塔结构复杂、安装困难，但操作弹性较大，在化工、炼油行业中应用广泛。

答案：×

正确答案：浮阀塔结构简单、安装简单。

609. 乙烷是轻烃回收装置的产品之一，它是由脱乙烷塔塔底采出的。

答案：×

正确答案：乙烷由脱乙烷塔顶采出。

610. 精馏塔的塔顶温度总是高于塔底温度。

答案：×

正确答案：通常塔底温度高于塔顶温度。

611. 精馏操作的设备至少应包括精馏塔、再沸器、冷凝器和回流罐，可以无回流泵。

答案：√

612. 轻烃回收装置低温筒袋泵是靠泵筒内 LNG 物料实现润滑的。

答案：√

613. 若电源相序安装错误，将导致机泵出口压力过高。

答案：×

正确答案：过低。

614. 泵出口管线安装单向阀的作用是为了防止停泵时出口管线出现液体倒流，防止泵叶轮倒转。

答案：√

615. 轻烃回收装置闪蒸冷凝器和脱甲烷塔顶冷凝器组合在一起，具有高效、结构紧凑的特点，可以最大程度地节省冷能。

答案：√

616. 轻烃回收装置大量阀门设置有滴盘，作用一是支持保冷材料，二是提高保温效果，三是着火时保护填料函。

答案：√

617. 轻烃回收装置集成式冷箱内部基本结构是由翅片、隔板和封条的单元体叠积而成，无法实现多股物料同时换热。

答案：×

正确答案：可以实现多股物料同时换热。

618. 轻烃回收装置重沸器的作用是利用低压蒸汽作为热源，将壳程物料加热汽化，产生的气相通过壳程顶部出口返回塔内作为气相回流，使塔内汽液两相间的传质传热得以不断进行，为精馏操作提供热量来源。

答案：√

619. 轻烃回收装置重沸器具有换热速度快、耐高温高压、易操作等特点，但维护费用较昂贵。

答案：×

正确答案：维护费用低。

620. 按传热原理分类，轻烃回收装置重沸器属于间壁式换热器。

答案：√

621. 其他条件不变情况下，精馏操作中回流量增加，塔顶产品纯度增加，能耗增加。

答案：√

622. 所有精馏操作中，塔顶回流泵是必不可少的设备。

答案：×

正确答案：精馏操作可以没有塔顶回流泵。

623. 精馏塔进料板以上部分称为精馏段，进料板以下部分称为提馏段。

答案：√

624. 轻烃回收装置不再分离丙烷及以上组分，该部分作为混合轻烃产品外送。

答案：√

625. 轻烃回收装置混合轻烃产品的成分是丙烷和丁烷。

答案：×

正确答案：混合轻烃产品除了丙烷和丁烷，还含有少量戊烷、C_6 等组分。

626. 轻烃回收装置乙烷产品中的甲烷含量的多少与脱甲烷塔操作密切相关。

答案：√

627. 轻烃回收装置轻烃罐区乙烷球罐和混合轻烃球罐均设计有气相平衡线，作用是确保乙烷球罐和混合轻烃球罐压力平衡。

答案：×

正确答案：乙烷罐和混合轻烃球罐压力不同。

628. 轻烃回收装置轻烃罐区混合轻烃产品装车前，需对混合轻烃装车泵进行附件检查及盘车检查。

答案：√

629. 轻烃回收装置轻烃罐区乙烷球罐和混合轻烃球罐设计操作压力相同，PSV 安全阀定压值也相同。

答案：√

630. 轻烃回收装置脱甲烷塔两台压力安全阀(PSV)正常操作下一开一备设置，且两台安全阀的定压值不同。

答案：×

正确答案：两台安全阀定压值相同。

631. 轻烃回收装置轻烃罐区每台球罐设计有2台压力安全阀，且2台安全阀类型不同。

答案：×

正确答案：两台安全阀类型相同，定压值不同。

632. 轻烃回收装置现场热膨胀安全阀(TSV)起跳，应立即关闭安全阀上游阀，切除安全阀流程。

答案：×

正确答案：应先确认系统压力不高再检查安全阀。

633. 为提高工作效率，快速具备机泵检修条件，机泵隔离只要从DCS上远程关闭控制阀门即可。

答案：×

正确答案：与工艺相连管道必须盲板隔离。

634. 轻烃回收装置LNG低温筒袋泵干燥置换不合格，不会影响机泵的安全稳定运行。

答案：×

正确答案：液滴冻凝后影响机泵安全稳定运行。

635. 为保证露点检测更准确，可以在机泵微正压、保压一段时间后进行露点检测。

答案：√

636. 为保证轻烃回收装置LNG升压泵停车后出、入口总管处于冷态，其零输出跨泵保冷流量越大越好。

答案：×

正确答案：过大可能造成LNG储罐分层。

637. 轻烃回收装置启动LNG升压泵前，可以不用停止零输出跨泵保冷循环流程。

答案：×

正确答案：启升压泵前必须停止零输出保冷。

638. 轻烃回收装置LNG升压泵零输出跨泵保冷的流量大小可以依据出、入口总管温度进行适当调节。

答案：√

639. 铭牌又称标牌，铭牌一般用来记载生产厂家及额定工作情况下的一些技术数据，以供正确使用而不致损坏设备。

答案：√

640. 设备铭牌上一般不标注设备制造厂商。

答案：×

正确答案：设备铭牌上一般都要标注设备制造厂商。

641. 压缩机铭牌上一般包括吸气压力、排气压力等设计参数。

答案：√

642. 阀门标识中公称压力为20，所对应的英制单位是100磅级。

答案：×

正确答案：阀门标识中公称压力为20，所对应的英制单位是150磅级。

643. 阀门标识中材料代号为 CF8M—俗称 316L 的不锈钢其温度范围值是 – 268 ~ 649 ℃。

答案：×

正确答案：CF8M—俗称 316，CF3M—俗称 316L

644. 如图 A 所示，阀门标识表示泄压方向向下游泄压。

答案：×

正确答案：如图 B 所示，阀门标识表示泄压方向向下游泄压。

图 A　　　　图 B

645. 离心泵任何情况下都可以采用电机点动盘车。

答案：×

正确答案：离心泵一般不可以采用电机点动盘车。

646. 压缩机盘车时必须启动润滑油泵，给需要润滑的部位供油。

答案：√

647. 机泵盘车一般有两种方式：小机组采用人力手动盘车，中型和大型机组采用电动盘车。

答案：√

648. 进入受限空间作业人员必须佩戴好规定的劳动防护用品，如安全帽、工作服、工作鞋、防毒面具或空气呼吸器。

答案：√

649. 进入金属容器和特别潮湿、工作场地狭窄的非金属容器内作业，照明电压≤220V，需使用电动工具或照明电压 >12V 时，应按规定安装漏电保护器。

答案：×

正确答案：进入金属容器和特别潮湿、工作场地狭窄的非金属容器内作业，照明电压≤12V，需使用电动工具或照明电压 >12V 时，应按规定安装漏电保护器。

650. 受限空间作业监护人必须实行全过程监护，作业监护人在作业期间，不得离开作业现场或做与监护无关的事。

答案：√

651. 中国石化盲板抽堵作业安全管理规定要求在盲板抽堵作业点流程的上下游应有阀门等有效隔断，盲板应加在有物料来源阀门的一侧。

答案：×

正确答案：中国石化盲板抽堵作业安全管理规定要求在盲板抽堵作业点流程的上下游应有阀门等有效隔断，盲板应加在有物料来源阀门的另一侧。

652. 中国石化盲板抽堵作业安全管理规定要求盲板应有一个或两个手柄，便于加拆、辨识和挂牌。

答案：√

653. 发现异常情况或违章行为，有权停止盲板抽堵作业，不听劝阻的，无权收回作业许可证，但可以向上级汇报。

答案：×

正确答案：发现异常情况或违章行为，有权停止盲板抽堵作业，不听劝阻的，有权收回作业许可证，并向上级汇报。

654. 用火作业完成后应确保现场无残留火星，作业结束需等待15min以上方可离开。

答案：√

655. 用火作业期间，距用火点15m内严禁排放各类可燃气体，30m内严禁排放各类可燃液体。

答案：×

正确答案：用火作业期间，距用火点30m内严禁排放各类可燃气体，15m内严禁排放各类可燃液体。

656. 装置停工吹扫期间，严禁特级、一级用火作业，可以进行二级用火作业。

答案：×

正确答案：装置停工吹扫期间，严禁一切用火作业。

657. 防冻防凝只针对长期停车的，短期停车的设备不用关注防冻工作。

答案：×

正确答案：无论是长期或短期停车，都应密切关注防冻工作。

658. 冻凝的铸铁阀门要用温水或少量蒸汽慢慢加热，防止骤然受热损坏。

答案：√

659. 在防冻防凝期间停用的设备、管线与生产系统连接处要加好盲板，并把积水排放、吹扫干净。

答案：√

660. 管道安全隔绝可采用插入盲板或拆除一段管道进行隔绝，不能用水封或关闭阀门等代替盲板或拆除管道。

答案：√

661. 有目的地关停设备、断开或堵塞能量通道、卸放能量等方式来组织能量的释放，称为隔离。

答案：√

662. 工艺隔离隔离方法按从高级到低级顺序分为四种：拆卸隔离法、双截断加放泄隔离法、截断加盲板、单截断阀。

答案：×

正确答案：工艺隔离隔离方法按从高级到低级顺序分为四种：拆卸隔离法、截断加盲板、双截断加放泄隔离法、单截断阀。

663. −10℃的物体温度可以用红外测温仪测量。

答案：√

664. 红外测温仪属于接触式测量温度的工具。

答案：×

正确答案：红外测温仪属于非接触式测量仪。

665. 红外测温仪的测温原理是将物体发射的红外线具有的辐射能转变成电信号，红外线辐射能的大小与物体本身的温度相对应，根据转变成电信号大小，可以确定物体的温度。

答案：√

666. 设备润滑的目的是在两个摩擦表面形成薄薄的油膜，避免摩擦面直接接触，从而减少磨损。

答案：√

667. 设备的润滑油是严格根据设备使用说明书要求加注的，可以随便替换使用。

答案：×

正确答案：设备的润滑油是严格根据设备使用说明书要求加注的，一般情况下不能替换使用。

668. 设备应定期加注润滑脂，加注润滑脂时应当将空腔内加满。

答案：×

正确答案：设备应定期加注润滑脂，加注润滑脂时应当加至内部空腔的 1/3 至 2/3 为宜。

669. 压力表强制检定能解决大部分的压力表故障。

答案：×

正确答案：压力表强制检定能发现压力表故障。

670. 压力表指针快速抖动的原因可能是进油阀门开得太小。

答案：×

正确答案：压力表指针快速抖动的原因可能是进油阀门开得太大。

671. 常用的判断压力表故障方法有压力表指示超量程、有压力时压力表指示回零、压力变化时指示无变化、压力表变化大、压力表指针脱落。

答案：√

672. 磁翻板液位计翻板容易卡死，造成无法远传指示，磁性材料如退磁易导致液位计不能正常工作。

答案：√

673. 液位计始终处于满液位状态说明液位计已经损坏，需联系处理。

答案：×

正确答案：液位计始终处于满液位状态说明液位计有可能已经损坏，可适当降低液位，观察液位计示数是否变化。

674. 液位计出现故障后，首先应采用视觉、嗅觉和触觉进行观察。

答案：√

675. 检查分日检、月检、半年检和年检。装车撬使用频率以及检查频率严禁延长或缩短。

答案：×

正确答案：检查频率可根据装车撬使用情况适当调整，对于频繁故障的装车撬，应加密检查。

676. 每台装车臂需单独建立运行记录台账，作为装车撬设备管理基础台账，用于记录装车撬定期检查情况、运行异常情况、维修情况等。

答案：√

677. 对装车撬进行的电气检查，包括就地操作盘、读卡器、ESD 按钮、静电接地控制系统等。

答案：√

678. 设备检修以后，设备外观不清洁也可以验收。

答案：×

正确答案：设备检修以后，设备外观不洁不验收。

679. 设备外观应清洁、无油污、无油漆脱落。

答案：√

680. 设备外观检查的内容包括设备表面是否清洁、是否有裂纹、锈蚀、箱体柜门是否关闭等。

答案：×

正确答案：设备外观检查的内容包括设备表面是否清洁、是否有裂纹、锈蚀等。

681. 巡检时应检查在用设备的润滑油状况，如发生轻微乳化、杂质超标，可不急更换。

答案：×

正确答案：巡检时应检查在用设备的润滑油状况，如发生乳化、杂质超标，应及时更换。

682. 巡检时人员对设备运行状态，运行声音、温度等进行评估，如发现异常及时报修。

答案：√

683. 巡检人员应定时进行巡回检查，并按要求进行签到打点，可不按规定的路线进行巡检。

答案：×

正确答案：巡检人员应按规定的巡检路线，定时进行巡回检查，并按要求进行签到打点。

684. 压力表泄压后指针不回零，只要记住误差值，此压力表还是可以继续使用。

答案：×

正确答案：压力表泄压后指针不回零应该及时更换。

685. 阀门关闭以后，后路流量计还有流量，说明阀门内漏比较厉害。

答案：×

正确答案：阀门关闭以后，后路流量计还有流量，也可能是仪表故障。

686. 压力表安装后打开手阀必须观察是否泄漏。

答案：√

687. 垫片可分为软质垫片、硬质垫片、液体密封垫片和填料四大类。

答案：×

正确答案：垫片可分为软质垫片、硬质垫片、液体密封垫片三大类。

688. 垫片是放在两个面之间以加强密封的材料，为防止流体泄漏设置在静密封面之间的密封元件。

答案：√

689. 金属缠绕垫片的种类有基本型金属缠绕垫、带外环金属缠绕垫、带内环金属缠绕垫、带内外环金属缠绕垫等。

答案：√

690. 垫片是两个物体之间的非机械密封，通常用以防止两个物体之间受到压力、腐蚀和管路自然热胀冷缩引起的泄漏。

答案：×

正确答案：垫片是两个物体之间的机械密封，通常用以防止两个物体之间受到压力、腐蚀和管路自然热胀冷缩引起的泄漏。

691. 带串级密封的机泵停用时串级密封应该保持油路畅通。

答案：√

692. 装置停车检修，机泵大修时，串级密封不必拆下来。

答案：×

正确答案：装置停车检修，机泵大修时，串级密封也必须拆下来维修。

693. 试压气密的目的是考察工艺管线、静设备在正常工艺操作条件下的密封性能，以及检查工程质量中的焊接质量、安装质量及使用材质等方面问题。

答案：√

694. 可燃气体检测仪按照采样方式分为红外线吸收型和热导型。

答案：×

正确答案：可燃气体检测仪按照采样方式分为扩散型和吸入式。

695. 红外线吸收型可燃气体探测器是利用难熔金属铂丝加热后的电阻变化来测定可燃气体浓度。

答案：×

正确答案：催化型可燃气体探测器是利用难熔金属铂丝加热后的电阻变化来测定可燃气体浓度。

696. 可燃气体检测仪自身形态可分为固定式可燃气体检测仪和便携式可燃气体检测仪。

答案：√

697. 火焰检测仪主要由探头和信号处理器两个部分组成。

答案：√

698. 火焰检测探头准确对准燃烧器的完全燃烧区是最佳选择。

答案：×

正确答案：火焰检测探头准确对准燃烧器的初始燃烧区是最佳选择。

699. 紫外光火焰检测器采用紫外光敏管作为传感元件。

答案：√

700. 当被检测气体密度大于空气密度时，可燃气体检测仪应安装在距离地面 30～60cm 处，且传感器部位向上。

答案：×

正确答案：当被检测气体密度大于空气密度时，可燃气体检测仪应安装在距离地面 30～60cm 处，且传感器部位向下。

701. 可燃气体检测仪应该安装在给气口、换气扇、房门等风量流动大的地方。

答案：×

正确答案：可燃气体检测仪不应该安装在给气口、换气扇、房门等风量流动大的地方。

702. 探测器应安装在气体易泄漏场所，具体位置应根据被检测气体相对于空气的密度决定。

答案：√

703. 火焰探测仪安装时一般向下倾斜60°角，既能向下看又能向前看，同时又减低镜面受到的污染的可能。

答案：×

正确答案：火焰探测仪安装时一般向下倾斜30°～45°角，既能向下看又能向前看，同时又减低镜面受到的污染的可能。

704. 在火焰探测仪的有效范围内，不能受到阻碍物的阻挡，不包括玻璃等透明的材料。

答案：×

正确答案：在火焰探测仪的有效范围内，不能受到阻碍物的阻挡，其中包括玻璃等透明的材料。

705. 根据防爆类型，火焰探测仪可分为隔爆型、本安型。

答案：√

706. 泵运行过程中入口过滤器堵塞导致入口过滤器压差下降。

答案：×

正确答案：会导致入口过滤器压差上升。

707. SCV 循环水泵出口压力降低，有可能是入口过滤器堵塞。

答案：√

708. 高压泵输出贫液时比输出富液时过滤器压差低。

答案：√

709. 罐内离心泵启动一段时间后，泵出口管线仍然无流量，应该立即停止泵查找原因。

答案：√

710. LNG 罐内离心泵的电机不耐超低温，只能浸没在 BOG 中，不能浸没在 LNG 中。

答案：×

正确答案：LNG 罐内离心泵的电机是潜液式设计，是耐超低温的，可以浸没在 LNG 中。

711. 离心泵不出水的原因有：进水管和泵内有空气、水泵转速过低、吸程太大、水流进出水管中阻力损失过大。

答案：√

712. 自吸泵的工作原理是水泵启动前先在泵壳内灌满水(或泵壳内自身存有水)。启动后叶轮高速旋转使叶轮槽道中的水流向涡壳，这时入口形成真空，使进水逆止门打开，吸入管内的空气进入泵内，并经叶轮槽道到达外缘。

答案：√

713. 自吸泵均采用轴向回液的泵体结构。

答案：√

714. 自吸泵电机停转后泵壳里的水会自动排空。

答案：×

正确答案：自吸泵电机停转后泵壳里的水不会排空。

715. 自吸泵在开机前要检查泵体内有无液体，如果无液体，容易造成空抽烧毁机械轴封等异常现象。

答案：√

716. 自吸泵噪声大小与其扬程无关。

答案：×

正确答案：自吸泵噪声大小与其扬程有关。

717. 造成自吸泵流量不足的因素有可能是电机转速过低。

答案：√

718. 低温离心泵运转时不用观察振动值参数变化。

答案：×

正确答案：低温离心泵运转时需要观察振动值参数变化。

719. 往复式压缩机的运转压力超出额定压力可能会导致主机排气温度高。

答案：√

720. 往复式压缩机冷却剂安全阀漏油导致轴承润滑油压高。

答案：×

正确答案：往复式压缩机冷却剂安全阀漏油会导致轴承润滑油压低。

721. 往复式压缩机的护板或门没有完全关闭有可能导致运行过程中噪声高。

答案：√

722. 穿孔消音器主要是利用多孔吸声材料来降低噪声的。

答案：×

正确答案：阻性消音器主要是利用多孔吸声材料来降低噪声的。

723. 消音器的消音量越大，压力损失越大；消音量相同时，如果压力损失越小，消音器所占空间就越小。

答案：×

正确答案：消音器的消音量越大，压力损失越大；消音量相同时，如果压力损失越小，消音器所占空间就越大。

724. 锅炉蒸汽消声器是主要建立在“小孔喷注”理论结合阻抗扩容吸声的消声原理。

答案：√

725. 蒸汽系统消音器的安装可能会影响安全阀的起跳和回座。

答案：×

正确答案：蒸汽系统消音器的安装不应影响安全阀的起跳和回座。

726. 蒸汽排放消音器的消声量能满足《工业企业噪声标准》的要求。

答案：√

727. 消音器内要有相应措施以保证在任何情况下不会有积水留存。

答案：√

728. 视频监控系统也叫闭路电视监控系统，视频监控系统是通过遥控摄像机及其辅助设备(光源等)直接查看被监视的场所情况，把被监视场所的图像及声音同时传达至监控中心，使被监控场所的情况一目了然，便于及时发现、记录和处置异常情况的一种电子系统或网络系统。

答案：√

729. 视频监控系统的视频信号、音频信号和控制信号，都必须借助信号线才能进行传输。

答案：×

正确答案：视频监控系统的视频信号、音频信号和控制信号，都必须借助媒体才能进行传输。

730. 视频监控系统中承担信号传输的媒体可归结为两类：无线和有线。

答案：√

731. 泵吸式可燃气体检测仪比扩散式可燃气体检测仪检测速度慢。

答案：×

正确答案：泵吸式可燃气体检测仪比扩散式可燃气体检测仪检测速度快。

732. 扩散式可燃气体检测仪防水性比泵吸式可燃气体检测仪好。

答案：√

733. 石油化工、天然气等行业使用的便携式可燃气体检测仪通常使用半导体检测器。

答案：×

正确答案：石油化工、天然气等行业使用的便携式可燃气体检测仪通常使用高性能催化燃烧式检测器。

734. 便携式可燃气体检测仪须保持良好状态，每次使用完毕后应检查仪器是否回零，如不回零，必须在洁净空气中重新调整零点，确保分析数据准确。

答案：√

735. 便携式可燃气体检测仪检测完毕后可立即关机。

答案：×

正确答案：示数回零后方可关机。

736. 使用便携式可燃气体检测仪检测时，防止将水或其他液体吸入仪器。

答案：√

737. 拨打报警电话后报警人无须将姓名及所用电话号码告知消防部门。

答案：×

正确答案：拨打报警电话后需要告知报警人电话等信息，及时与消防部门保持沟通及时了解火场情况。

738. 发现火灾后，应及时拨打 119 报警电话，报警过程中应尽可能详细地描述火灾类型和火势大小。

答案：√

739. 发现有人员受伤应立即将伤者转移至安全的地方。

答案：×

正确答案：伤者伤势为骨折时，不可随意移动伤者。

740. 拨打急救电话说明伤者的情况后可主动挂机。

答案：×

正确答案：拨打急救电话应得到“120”指挥中心示意挂机后方可挂机。

741. 拨打急救电话挂机后应派专人至厂区门口等待并接引救护车的到来。

答案：√

742. LNG 液体可直接点燃。

答案：×

正确答案：LNG 液体不可直接点燃。

743. LNG 危害主要包括沸腾与翻滚、低温冻伤、低温麻醉。

答案：√

744. BOG 发生泄漏时不易发生爆炸。

答案：×

正确答案：BOG 泄漏后易燃易爆。

745. BOG 的危害因素包含易燃易爆性。

答案：√

746. BOG 发生泄漏时人员应向高处疏散。

答案：×

正确答案：向泄漏点上风向疏散。

747. 生活水管线出现泄漏时，首先查找泄漏点具体位置，隔离漏点上下游阀门进行处理。

答案：√

748. 生产水泄漏量小时对安全无影响，可不处理。

答案：×

正确答案：泄漏量小也需处理。

749. 软化水管线发生泄漏需处理漏点时，可先用市政水代替。

答案：×

正确答案：软化水有严格的指标要求，不能用市政水代替。

750. 操作人员巡检发现室内氮气管线法兰大量泄漏后应尽快用扳手上紧螺栓。

答案：×

正确答案：室内氮气大量泄漏时操作人员不应直接上前处理，应检测氧含量避免窒息，并检查泄漏点上下游是否可切断。

751. 液氮管线泄漏处置时应做好防冻伤及防窒息防护措施。

答案：√

752. 现场在线可燃气体检测仪报警后，外操应携带可燃气体检测仪到报警的检测仪附近检查确认，确认为误报后方可消除报警，并联系仪表人员检查维修误报的检测仪。

答案：√

753. 气化器入口管线法兰泄漏工艺处置结束后，恢复工艺流程，打开出口 ESDV 阀及截止阀的旁路直接升压至外输压力。

答案：×

正确答案：缓慢升压，并在升压过程中检测有无泄漏。

754. 海水气化器入口管线法兰发生泄漏后为不影响当日生产计划可直接使用防爆扳手紧固螺栓。

答案：×

正确答案：需对泄漏段进行隔离，泄压后使用防爆扳手紧固螺栓。

755. LNG 泄漏后形成的低温气体密度比空气大，因此低温气体会在地面聚集不会上升。

答案：×

正确答案：LNG 泄漏后形成的冷气体初期密度比空气大，随着气体温度升高密度越来越小向上升，不会一直在地面聚集。

756. LNG 大量泄漏后，会通过导液沟将 LNG 收集至集液池，无火源时不会燃烧。

答案：√

757. 管道内 LNG 泄漏时被点燃后可产生喷射火灾。

答案：√

758. 过滤器滤芯堵塞后清洗一下即可，无须更换。

答案：×

正确答案：根据滤芯的原理、材料不同，部分需更换滤芯。

759. 过滤器显示压差过高也可能是压差计故障，实际压差不高。

答案：√

760. 双联过滤器压差大需清理时，应先将备用过滤器投用，在确认投用正常后将压差大的过滤器隔离，并清理或更换滤芯。

答案：√

761. 移动式干粉灭火器采用氮气或其他惰性气体作为驱动气体，瓶内气体充装压力应在设计压力范围内。

答案：√

762. 使用移动式干粉灭火器扑救固体可燃物火灾时应对准火焰根部，由近而远、左右扫射。

答案：√

763. 当移动式干粉灭火器的压力指针指向表盘红色区域时仍然可以用。

答案：×

正确答案：干粉灭火器的指针范围指向红色一般是代表压力不足，喷射的射程不够，影响灭火效果。

764. 移动式干粉灭火器可以用于扑灭可燃气体、电气火灾，不能用于扑灭可燃液体火灾。

答案：×

正确答案：移动式干粉灭火器可用于扑灭可燃液体火灾。

765. 用移动式干粉灭火器灭火时，避免冲击液面，防止火种飞溅。

答案：√

766. 移动式干粉灭火器开启使用后，未用完的可以继续使用。

答案：×

正确答案：移动式干粉灭火器开启使用后，不能保存重用。

767. 二氧化碳灭火器不可以用于电气火灾。

答案：×

正确答案：二氧化碳灭火器可以用于电气火灾。

768. 使用二氧化碳灭火器，人应当站在下风侧。

答案：×

正确答案：使用二氧化碳灭火器，人应当站在上风向。

769. 由于二氧化碳灭火器灭火后不留痕迹，因此比较适合扑灭低电压电气设备火灾。

答案：√

770. 二氧化碳灭火器使用时不能直接用手抓住喇叭筒外壁，防止手被烫伤。

答案：×

正确答案：防止手被冻伤。

771. 使用二氧化碳灭火器时，除存在皮肤冻伤的风险外，在狭小室内空间使用时还存在人员窒息的风险。

答案：√

772. 进入冬季后，应把消防炮内残留的水及时放掉，以免冻裂炮身。

答案：√

773. 消防水炮各传动部位应定期注入润滑油脂，各密封处应定期更换密封件，以防因使用时间太长而产生泄漏。

答案：√

774. 消防水炮只能实现直流喷射模式。

答案：×

正确答案：消防水炮可实现直流和喷雾两种模式。

775. 干粉炮气瓶中储存有压缩氮气。

答案：√

776. 干粉炮不适用于天然气、液化石油气等场所。

答案：×

正确答案：干粉炮适用于天然气、液化石油气等场所。

777. 干粉炮在工作压力范围内工作，射程和流量随工作压力的下降而减小。

答案：√

778. 空呼器面罩内压力始终高于大气压力。

答案：√

779. 空呼器使用前应检查报警器是否正常，打开瓶头阀，轻压供气阀排气并观察压力表示数，当气瓶内压力降至 5 ~6MPa 时报警器哨响。

答案：×

正确答案：打开瓶头阀半圈对导管充压，待压力表稳定后关闭，轻压供气阀排气并观察压力表示数，当气瓶内压力降至5～6MPa时报警器哨响。

780. 空呼器报警器哨响后气瓶压力不足，应结束作业，尽快撤离危险区。

答案：√

781. 气溶胶以固态或液态的微粒为分散质，不具有气体流动性。

答案：×

正确答案：气溶胶以固态或液态的微粒为分散质，具有气体流动性。

782. 气溶胶就是细小的固体微粒分散在气体中形成的稳定物态体系，专业地来说气溶胶特指以气体为分散介质，以固态的微粒为分散质的胶体体系。

答案：√

783. 气溶胶灭火器利用固体微粒在高温下产生金属阳离子与燃烧反应过程中产生活性自由基团发生反应，以切断化学反应的燃烧链，抑制燃烧反应的进行，达到化学灭火的效果。

答案：√

784. 逃生标识牌应设置在疏散通道两侧部及拐弯处的墙面上，标志牌的上边缘距地面不应大于5m。

答案：×

正确答案：逃生标识牌应设置在疏散通道两侧部及拐弯处的墙面上，标志牌的上边缘距地面不应大于1m。

785. 当逃生标示牌正常照明中断的情况下，应在5s内自动切换成应急照明电源。

答案：√

786. 救生衣使用时应注意只可单面穿着使用。

答案：×

正确答案：救生衣应两面都可同样穿着使用。

787. 不得随意将救生衣做枕头或坐垫使用。

答案：√

788. 当船舶发生火灾时，船员应立即穿上救生衣，带上其他保护物品跳水。

答案：×

正确答案：当船舶发生火灾时，船员应立即穿上救生衣跳水。

789. LNG接收站集液池设置目的是收集对事故状态下泄漏的LNG。

答案：√

790. LNG泄漏至集液池中应尽快用消防水封盖。

答案：×

正确答案：LNG泄漏至集液池中应尽快用泡沫封盖。

791. LNG接收站集液池可以暂时储存雨水，待集液池雨水液位较高时再排净。

答案：×

正确答案：集液池雨水应尽快排净。

792. 高倍泡沫是将水和高倍泡沫灭火剂通过一定方式按设定的容积比例均匀混合，然后利用混合器鼓入大量空气发泡而成的。

答案：×

正确答案：高倍泡沫是将水和高倍泡沫灭火剂通过一定方式按设定的容积比例均匀混合，然后利用发生器鼓入大量空气发泡而成的。

793. 在 LNG 接收站内，当 LNG 流入集液池后，利用高倍泡沫进行覆盖处理。

答案：√

794. 高倍数泡沫系统是通过泡沫罐自身压力与消防水混合后进行覆盖可燃液体。

答案：×

正确答案：通过水流产生负压进行混合。

795. 集液池泡沫罐存有泡沫，供泄漏事故时使用，需要定期更换。

答案：√

796. 在未发生泄漏事故情况下，集液池可以用来储存雨水。

答案：×

正确答案：在未发生泄漏事故情况下，集液池不可以储存雨水。

797. 未发生事故的情况下，外操日常巡检时无须检查集液池。

答案：×

正确答案：需要检查集液池的液位、集液池内有无杂物、导液沟至集液池入口有无堵塞等。

798. 所谓自吸泵，就是在启动前不需要灌泵就可以启动。

答案：×

正确答案：自吸泵第一次启动需要灌泵。

799. 射流式自吸泵，由离心泵和射流泵（或喷射器）组合而成，依靠喷射装置，在喷嘴处造成真空实现抽吸。

答案：√

800. 自吸泵叶轮前密封间隙越小，自吸高度越大。

答案：√

801. 发生泄漏事故后，集液池内泄漏的可燃液体及泡沫要立即排至事故水池。

答案：×

正确答案：不能立即排进事故水池。

802. 事故水池内事故水可以直接排至大海，无须处理。

答案：×

正确答案：不可直接排至大海，应排至生产污水系统进行处理。

803. 集液池内的雨水可排入大海。

答案：√

804. 工艺流程图中，主要物料（介质）的流程线用细实线表示。

答案：×

正确答案：工艺流程图中，主要物料（介质）的流程线用粗实线表示。

805. 工艺流程图中，符号()表示回流。

答案：√

806. 工艺流程图中，符号 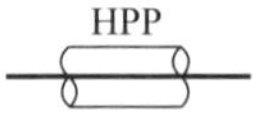

表示热保护。

答案：√

807. 在工艺流程图中，符号  表示同心大小头。

答案：×

正确答案：符号  表示管帽。

808. 在工艺流程图中，符号  表示盲板。

答案：×

正确答案：在工艺流程图中，符号  表示孔板。

809. 在工艺流程图中，符号 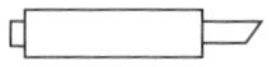 表示排大气式消音器。

答案：√

810. 在工艺流程图中，符号 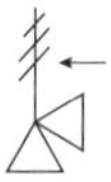 表示安全阀。

答案：×

正确答案：符号 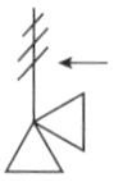 表示真空安全阀。

811. 在工艺流程图中，符号  表示止回阀。

答案：√

812. 在工艺流程图中，符号 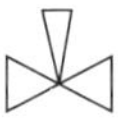 表示针形阀。

答案：√

813. 工艺流程图中，符号 

表示低压蒸汽。

答案：×

正确答案：该符号 

表示低压凝结水。

814. 工艺流程图中，流体代码 FW 表示消防水。

答案：√

815. 工艺流程图中，缩写 CSO 表示铅封关。

答案：×

正确答案：工艺流程图中，缩写 CSO 表示铅封开。

816. 压力表指示压力与大气压力之和称为绝对压力。

答案：√

817. 真空度数值是表示系统压强实际数值低于标准大气压强的数值。

答案：×

正确答案：真空度数值是表示系统压强实际数值低于当地大气压强的数值。

818. 绝对压力是指直接作用于容器或物体表面的压力，即物体承受的实际压力，其零点为绝对真空。

答案：√

819. 只能通过增大流速一种方法增大流体的体积流量。

答案：×

正确答案：还可以增大流通截面积来增大流体的体积流量。

820. 两条型号、尺寸等参数相同管线对比，质量流量小的管线，体积流量肯定小。

答案：×

正确答案：质量流量 = 体积流量 × 流体密度。流量的大小与管线内流体的密度有关。

821. 某 LNG 接收站内一条保冷管线，流速较快的工况，体积流量一定更大。

答案：√

822. LNG 的密度不受温度压力的影响，只与组分种类和含量有关。

答案：×

正确答案：LNG 的密度不仅与组分含量有关，而且受温度、压力影响很大。

823. 为保障 LNG 储罐内液位一直处于合理范围内，液位计设置高、低液位报警。

答案：√

824. 两台尺寸结构相同的 LNG 储罐，当罐内液位相同时，储罐储存的 LNG 质量相同。

答案：×

正确答案：LNG 质量为体积与密度的乘积，液位相同但密度不同时，储存的 LNG 质量不同。

四、技能操作鉴定要素细目表

鉴定范围				鉴定点	重要程度	备注
一级	二级	三级	鉴定比重			
A 操作技能 100%	A 工艺操作 68%	A 开车准备	4%	001 使用验漏液进行泄漏检测	X	实操
				002 检测管道干燥置换指标	Y	实操
		B 开车操作	4%	001 投用卸料臂旋转接头氮气密封	X	实操
				002 识读火炬工艺流程图	X	实操
		C 公用工程与辅助设施	5%	001 制氯系统海水升压泵及过滤器启、停操作	X	实操
				002 生活给水泵启、停操作	X	实操
		D 卸料、储存与槽车充装	15%	001 卸料臂气密、置换操作	X	实操
				002 识读 LNG 储罐及附属设备结构图	X	实操
				003 识读装车撬的工艺简图	X	实操
		E 高压汽化外输	20%	001 识读高压泵工艺流程图	X	实操
				002 识读海水开架式气化器(ORV)流程图	X	实操
				003 识读计量外输流程图	X	实操
				004 SCV 水浴池排水、补水操作	Y	实操
		F BOG 处理	20%	001 BOG 压缩机(立式)冷却水系统设备操作	X	实操
				002 识读再冷凝器流程图	X	实操
				003 识读 BOG 压缩机流程图(立式)	X	实操
				004 识读火炬及火炬分液罐的流程图(高空火炬)	X	实操
				005 识读火炬及火炬分液罐的流程图(地面火炬)	X	实操
	B 设备维护与保养 15%	A 设备维护与保养	15%	001 机泵的巡检	X	实操
				002 检查机、泵的润滑油油位、油质	X	实操
				003 常温阀门盘根的更换	Z	实操
	C 事故判断与处理 17%	A 事故判断	5%	001 判断过滤器滤芯堵塞故障	Y	实操
				002 检查 ORV 海水分布、换热管结冰情况	X	实操

续表

鉴定范围				鉴定点	重要程度	备注
一级	二级	三级	鉴定比重			
A 操作技能 100%	C 事故判断与处理 17%	B 事故处理	12%	001 使用便携式可燃气体检测仪	X	实操
				002 处理普通的离心泵抽空事故	Y	实操
				003 使用移动式干粉灭火器扑灭初期火灾	X	实操
				004 使用消防水炮、消防干粉炮灭火	X	实操
				005 使用正压式空气呼吸器	X	实操

五、技能操作考试试题及评分记录表

技能操作考试试题1

试题名称：使用验漏液进行泄漏检测

一、准备要求

1. 设备准备

序号	名称	规格	数量	备注
1	工艺管道、阀门		1套	有法兰、丝扣、阀门等

2. 材料准备

序号	名称	规格	数量	备注
1	记录笔	个	1	
2	记录表	张	1	

3. 工具、量具、刃具准备

名称	规格	精度	数量	名称	规格	精度	数量
验漏液			1瓶				

二、操作程序规定及说明

(1)准备工作；
(2)易泄漏部位喷验漏液；
(3)观察有无泄漏；
(4)泄漏点及泄漏情况记录；
(5)清理场地。

三、考核要求

(1)准备时间：3min；

(2)正式操作时间：10min；

(3)计时从正式操作开始，至操作完毕；

(4)规定时间内全部完成，每超 1min，从总分中扣 5 分；总超时 3min，停止作业。

四、配分与评分标准

见技能考核评分记录表 1。

技能考核评分记录表 1

试题名称：使用验漏液进行泄漏检测　　　　考核时间：10min

序号	考试内容	评分要素	配分	评分标准	最大扣分	步长	扣分	得分	备注
1	准备工作	工具、材料准备	10	工具及材料少准备一件扣5分	10	5			
2	喷验漏液	对检测区域易泄漏的法兰连接喷验漏液	15	未确认验漏液正常的扣5分	5	5			
				管线、设备接口法兰连接验漏每漏一处扣5分	10	5			
		对检测区域易泄漏的丝扣连接喷验漏液	10	管线丝扣连接验漏每漏一处扣5分	10	5			
		对检测区域易泄漏的阀门填料压盖、阀盖等部位喷验漏液	16	阀门填料压盖验漏每漏一处扣2分	4	2			
				阀门阀盖验漏每漏一处扣3分	6	3			
				喷验漏液时未完全覆盖密封面，每处扣3分	6	3			
3	观察是否泄漏	对检测点密封面各个角度进行观察，如有气泡连续冒出则为泄漏点	15	不会判断泄漏扣5分	5	5			
				未完全观察喷涂密封面每处扣5分	10	5			
		如气泡冒出不连续，不好确认，可再次喷验漏液，再次观察确认	15	泄漏判断错误每处扣5分	10	5			
				对不确认泄漏点未进行二次验漏的扣5分	5	5			
4	记录、汇报	记录泄漏的位置和泄漏现象，并汇报	9	未记录泄漏具体位置或记录错误每处扣2分	4	2			
				未记录泄漏现象的扣3分	3	3			
				未汇报泄漏检测情况的扣2分	2	2			
5	场地清理	工具回收、清理场地	10	工具未回收扣5分	5	5			
				现场不干净、整洁扣5分	5	5			
6	安全生产及其他	劳保用品穿戴齐全、正确	从总分中扣除	劳保穿戴不齐整不得进入现场	100	100			
		严格按操作规程操作		每违反一项操作规定扣5分，严重的停止操作	100	5			
		在规定时间内完成操作		每超时1min的扣5分，超过3min停止操作	15	5			
合计			100						

考评员：　　　　年　月　日

技能操作考试试题 2

试题名称：检测管道干燥置换指标

一、准备要求

1. 设备准备

序号	名称	规格	数量	备注
1	工艺管道		1 套	有放空、注氮流程

2. 材料准备

序号	名称	规格	数量	备注
1	记录笔	个	1	
2	记录表	张	1	

3. 工具、量具、刃具准备

名称	规格	精度	数量	名称	规格	精度	数量
氧含量检测仪			1 台	防爆 F 扳手			1 把
露点仪			1 台				

二、操作程序规定及说明

(1)准备工作；
(2)检查确认置换流程；
(3)检测干燥置换指标；
(4)检测结果记录、汇报；
(5)清理场地。

三、考核要求

(1)准备工作：5min；
(2)正式操作时间：15min；
(3)计时从正式操作开始，至操作完毕；
(4)规定时间内全部完成，每超 1min，从总分中扣 5 分；总超时 4min，停止作业。

四、配分与评分标准

见技能考核评分记录表 2。

技能考核评分记录表 2

试题名称：检测管道干燥置换指标　　　　考核时间：15min

<table>
<tr><th>序号</th><th>考试内容</th><th>评分要素</th><th>配分</th><th>评分标准</th><th>最大扣分</th><th>步长</th><th>扣分</th><th>得分</th><th>备注</th></tr>
<tr><td>1</td><td>准备工作</td><td>工具、量具准备</td><td>10</td><td>少准备一种扣5分</td><td>10</td><td>5</td><td></td><td></td><td></td></tr>
<tr><td rowspan="4">2</td><td rowspan="4">检查确认置换流程</td><td rowspan="2">检查干燥置换注氮阀门处于关闭状态；检查管道干燥置换所有放空口阀门均已关闭</td><td rowspan="2">20</td><td>每漏检查一个注氮口扣5分</td><td>10</td><td>5</td><td></td><td></td><td></td></tr>
<tr><td>每漏检查一个放空口扣5分</td><td>10</td><td>5</td><td></td><td></td><td></td></tr>
<tr><td>检查管道压力是否在方案要求范围内</td><td>5</td><td>未检查管道压力扣5分</td><td>5</td><td>5</td><td></td><td></td><td></td></tr>
<tr><td>确认管道静置保压时间已达到方案要求</td><td>5</td><td>未确认管道保压时间扣5分</td><td>5</td><td>5</td><td></td><td></td><td></td></tr>
<tr><td rowspan="11">3</td><td rowspan="11">检测干燥置换指标</td><td rowspan="4">打开氧含量检测仪和露点仪，查看氧含量检测仪和露点仪显示是否正常，有无报警信息</td><td rowspan="4">20</td><td>未检查氧含量检测仪显示的扣5分</td><td>5</td><td>5</td><td></td><td></td><td></td></tr>
<tr><td>未检查氧含量检测仪有无报警的扣5分</td><td>5</td><td>5</td><td></td><td></td><td></td></tr>
<tr><td>未检查露点仪显示的扣5分</td><td>5</td><td>5</td><td></td><td></td><td></td></tr>
<tr><td>未检查露点仪有无报警的扣5分</td><td>5</td><td>5</td><td></td><td></td><td></td></tr>
<tr><td rowspan="3">打开检测口阀门，放空检测口处管段内气体，检测氧含量、露点</td><td rowspan="3">10</td><td>打开检测口阀门未放空直接开始检测的扣5分</td><td>5</td><td>5</td><td></td><td></td><td></td></tr>
<tr><td>未检测氧含量扣5分</td><td>5</td><td>5</td><td></td><td></td><td></td></tr>
<tr><td>未检测露点扣5分</td><td>5</td><td>5</td><td></td><td></td><td></td></tr>
<tr><td rowspan="2">当检测氧含量低于2%，水露点低于−40℃时，干燥置换合格</td><td rowspan="2">10</td><td>氧含量合格指标错误扣5分</td><td>5</td><td>5</td><td></td><td></td><td></td></tr>
<tr><td>露点合格指标错误扣5分</td><td>5</td><td>5</td><td></td><td></td><td></td></tr>
<tr><td rowspan="2">干燥置换合格后，管道压力维持50～100kPa保压</td><td rowspan="2">5</td><td>检测合格未保压扣5分</td><td>5</td><td>5</td><td></td><td></td><td></td></tr>
<tr><td>保压压力范围错误扣3分</td><td>2</td><td>2</td><td></td><td></td><td></td></tr>
<tr><td rowspan="3">4</td><td rowspan="3">记录、汇报</td><td rowspan="3">记录各检测点露点、氧含量，记录保压压力，并汇报</td><td rowspan="3">10</td><td>未记录各检测点露点、氧含量检测结果扣5分</td><td>5</td><td>5</td><td></td><td></td><td></td></tr>
<tr><td>未记录保压压力扣2分</td><td>2</td><td>2</td><td></td><td></td><td></td></tr>
<tr><td>未汇报干燥置换检测情况的扣3分</td><td>3</td><td>3</td><td></td><td></td><td></td></tr>
</table>

续表

序号	考试内容	评分要素	配分	评分标准	最大扣分	步长	扣分	得分	备注
5	场地清理	工具回收、清理场地	5	工具未回收扣3分	3	3			
				现场不干净、整洁扣2分	2	2			
6	安全生产及其他	劳保用品穿戴齐全、正确	从总分中扣除	劳保穿戴不齐整不得进入现场	100	100			
		严格按操作规程操作		每违反一项操作规定扣5分，严重的停止操作	100	5			
		在规定时间内完成操作		每超时1min的扣5分，超过4min停止操作	20	5			
合计			100						

考评员： 年 月 日

技能操作考试试题 3

试题名称：投用卸料臂旋转接头氮气密封

一、准备要求

1. 材料准备

序号	名称	规格	数量	备注
1	记录笔		1 支	
2	记录本		1 本	

2. 设备准备

序号	名称	规格	数量	备注
1	卸料臂		1 套	

3. 工具、量具、刃具准备

名称	规格	精度	数量	名称	规格	精度	数量
F 扳手			1 把	防爆对讲机			1 台
可燃气体检测仪	CH_4		1 台	露点仪			1 台
露点仪			1 台				

二、操作程序规定及说明

(1)准备工作；
(2)操作前氮气流程检查；
(3)投用氮封流程；
(4)氮封投用后检查；
(5)汇报、记录。

三、考核要求

(1)准备时间：2min；
(2)正式操作时间：10min；
(3)计时从正式操作开始，至操作完毕；
(4)规定时间内全部完成，每超 1min，从总分中扣 5 分；总超时 3min，停止作业。

四、配分与评分标准

见技能考核评分记录表 3。

技能考核评分记录表3

试题名称：投用卸料臂旋转接头氮气密封　　　　考核时间：10min

序号	考试内容	评分要素	配分	评分标准	最大扣分	步长	扣分	得分	备注
1	准备工作	准备工器具、量具	15	每少一样扣3分	15	3			
2	操作前检查	检查确认卸料臂旋转接头氮封系统氮气管线阀门处于关闭状态	25	氮封系统氮气管线阀门状态每少确认一个扣5分	10	5			
		检查卸料臂旋转接头氮封系统流量计、压力表等仪表投用正常		不检查卸料臂旋转仪表投用状态扣5分	5	5			
		检查氮气供气压力是否正常		未检查氮气供气压力扣5分	5	5			
		检测氮气露点，确认露点低于-40℃		未检测露点扣5分	5	5			
3	投用氮封流程	依次缓慢打开氮气管线及卸料臂旋转接头氮气根部阀门	15	漏开阀门每个扣5分	10	5			
				快速打开阀门扣5分	5	5			
		缓慢调节减压阀，使阀后压力上升至设定值	10	未调节减压阀缓慢上升至设定值扣5分	5	5			
				减压阀调节过快或不会调节扣5分	5	5			
4	投用后检查	检查氮气流量是否正常	20	未检查氮气流量是否正常扣5分	5	5			
		检查旋转接头是否泄漏		未检查旋转接头氮封有无泄漏扣5分	5	5			
		检查操作面板指示灯状态，有无报警		未检查操作面板氮封系统有无报警的扣10分	10	10			
5	汇报记录	汇报中控室操作完毕	10	未汇报操作及检查情况扣5分	5	5			
		记录氮气露点及控制面板状态		未记录氮气露点及报警状态扣5分	5	5			
6	工具回收	整理工具，清理现场	5	不整理工具、清理现场扣5分	5	5			
7	安全生产及其他	劳保用品穿戴齐全、正确	从总分中扣除	劳保穿戴不齐整不得进入现场	100	100			
		严格按操作规程操作		每违反一项操作规定扣5分，严重的停止操作	100	5			
		在规定时间内完成操作		每超时1min扣5分，超过3min停止操作	15	5			
合计			100						

考评员：　　　　年　月　日

技能操作考试试题 4

试题名称：识读火炬工艺流程图

一、准备要求

材料准备

序号	名称	规格	数量	备注
1	记录纸		1 张	
2	记录笔		1 支	
3	火炬工艺流程图		1 张	

二、操作程序规定及说明

(1)准备工作；
(2)识读标题栏、明细栏；
(3)识读火炬工艺流程。

三、考核要求

(1)准备时间：3min；
(2)正式操作时间：15min；
(3)计时从正式操作开始，至操作完毕；
(4)规定时间内全部完成，每超 1min，从总分中扣 5 分；总超时 4min，停止作业。

四、配分与评分标准

见技能考核评分记录表 4。

技能考核评分记录表 4

试题名称：识读火炬工艺流程图　　　　　　　　　　　　　　　　考核时间：15min

序号	考试内容	评分要素	配分	评分标准	最大扣分	步长	扣分	得分	备注
1	准备工作	准备工器具及材料	5	未准备材料扣5分	5	5			
2	识读标题栏、明细栏	通过标题栏识读图的名称、图号等	9	识读图纸名称、图号、设计阶段等每漏一项扣3分	9	3			
		通过明细栏识读火炬设计参数	10	设计压力、设计温度等参数每漏一项扣5分	10	5			
		识读注释	6	注释识读错误每项扣3分	6	3			
3	识读火炬工艺流程	识读放空气体管线流程	10	放空气体管线管径识读不正确扣4分	4	4			
				火炬筒体底部排凝线管径识读不正确扣3分	3	3			
				阀门识读不正确扣3分	3	3			
		识读燃料气管线流程	33	LPG流程阀门类型识读不正确扣5分	5	5			
				LPG流程盲板识读不正确扣3分	3	3			
				LPG流程过滤器等识读不正确扣3分	3	3			
				燃料气管线管径识读不正确扣3分	3	3			
				燃料气管线号识读不正确扣3分	3	3			
				燃料气管线阀门类型识读不正确扣5分	5	5			
				自力式减压阀作用识读不正确扣5分	5	5			
				压力表识读不正确扣3分	3	3			
				流量计识读不正确扣3分	3	3			
		识读净化压缩空气流程	12	管线号识读不正确扣3分	3	3			
				管径识读不正确扣3分	3	3			
				阀门类型识读不正确扣3分	3	3			
				阀门口径识读不正确扣3分	3	3			

续表

序号	考试内容	评分要素	配分	评分标准	最大扣分	步长	扣分	得分	备注
3	识读火炬工艺流程	识读点火系统流程	10	点火管线流程识读不正确扣5分	5	3			
				长明灯燃料气供应管线识读不正确扣5分	5	5			
4	清理现场	清点工具，清理现场	5	未清理工具、现场扣5分	5	5			
5	安全文明生产	劳保用品穿戴齐全、正确	从总分中扣除	劳保穿戴不齐整不得进入现场	100	100			
		严格按操作规程操作		每违反一项操作规定扣5分，严重的停止操作	100	5			
		在规定时间内完成操作		每超时1min扣5分，超过4min停止操作	20	5			
合计			100						

考评员：　　　　　　　　　　　　　　　　　　年　　月　　日

技能操作考试试题 5

试题名称：制氯系统海水升压泵及过滤器启、停操作

一、准备要求

1. 设备准备

序号	名称	规格	数量	备注
1	海水升压泵		1 台	
2	反冲洗过滤器		1 台	

2. 工具、量具、刃具准备

名称	规格	精度	数量	名称	规格	精度	数量
纸、笔			各 1	常用工具一套			1 套
便携式氯气检测仪			1 台	防爆对讲机			1 台

二、操作程序规定及说明

(1)按要求做好设备运行前各项检查；
(2)按设备操作规程进行制氯系统海水升压泵及过滤器启、停操作；
(3)按要求进行关键参数监控及现场巡检；
(4)各项检查问题及设备运行参数做好记录；
(5)发现问题及时上报。

三、考核要求

(1)准备时间：5min；
(2)正式操作时间：15min；
(3)计时从正式操作开始，至操作完毕；
(4)规定时间内全部完成，每超 1min，从总分中扣 5 分；总超时 3min，停止作业。

四、配分与评分标准

见技能考核评分记录表 5。

技能考核评分记录表 5

试题名称：制氯系统海水升压泵及过滤器启、停操作　　考核时间：15min

序号	考试内容	评分要素	配分	评分标准	最大扣分	步长	扣分	得分	备注
1	准备工作	工具、用具准备	5	未准备工具及材料或少准备一件扣1分	5	1			
2	启动前检查	确认各部件无松动、脱落现象，接地完好	30	未确认扣5分	5	5			
		确认泵润滑油油位及油质合格		未确认扣5分	5	5			
		确认电气、仪表、阀门完好，具备了投用条件		未确认扣5分	5	5			
		手动盘车2~3圈，确保盘车灵活		未盘车扣5分	5	5			
		确认泵进、出口阀关闭		未确认扣5分	5	5			
		确认设备已送电		未确认送电扣5分	5	5			
3	启动步骤	打开反冲洗过滤器进出口阀门	35	未打开反冲洗过滤器进出口阀门扣3分	3	3			
		将过滤器旋转开关旋至“ON”		未将过滤器旋转开关至“ON”扣3分	3	3			
		在显示器控制模式界面中，选择“自动”模式		未选择“自动”模式扣3分	3	3			
		检查过滤器前后压差，若大于设定值，投自动后观察是否自动反冲洗		未检查过滤器前后压差扣3分	3	3			
		打开升压泵进出口阀门，观察泵轴密封处是否泄漏，检查正常后关闭出口阀		未打开升压泵入口阀扣3分	3	3			
				未观察泵轴密封处是否泄漏扣3分	3	3			
		在控制面板上启动海水升压泵，待泵的电动机转动后，观察泵出口压力是否正常、电机电流变化，并注意有无异常振动和噪声；一切正常后，逐步开启泵出口阀直至出口压力稳定在规定范围		未启动海水升压泵扣3分	3	3			
				未观察出口压力是否正常扣3分	3	3			
				未观察电流是否正常扣3分	3	3			

续表

序号	考试内容	评分要素	配分	评分标准	最大扣分	步长	扣分	得分	备注
3	启动步骤	在控制面板上启动海水升压泵，待泵的电动机转动后，观察泵出口压力是否正常、电机电流变化，并注意有无异常振动和噪声；一切正常后，逐步开启泵出口阀直至出口压力稳定在规定范围	35	未观察振动是否正常扣3分	3	3			
				未观察噪声是否正常扣3分	3	3			
				未逐步开启泵出口阀直至出口压力稳定在规定范围扣5分	3	3			
4	停机步骤	关闭泵出口阀	25	未关闭泵出口阀扣5分	5	5			
		在控制面板上停升压泵，观察泵均匀减速，停运		未在控制面板上停升压泵扣5分	5	5			
		关闭泵入口阀门		未关闭泵入口阀门扣5分	5	5			
		将过滤器旋转开关至“OFF”		未将过滤器旋转开关至“OFF”扣5分	5	5			
		关闭反冲洗过滤器进出口阀门		未关闭反冲洗过滤器进出口阀门扣5分	5	5			
5	记录	记录启停过程中发现的问题	5	未进行记录扣5分	5	5			
6	安全生产及其他	劳保用品穿戴齐全、正确	从总分中扣除	劳保穿戴不齐整不得进入现场	100	5			
		严格按操作规程操作		每违反一项操作规定扣5分，严重的停止操作	100	5			
		在规定时间内完成操作		每超时1min的扣5分，超过3min停止操作	15	5			
合计			100						

考评员：　　　　　　　　　　　　　　　　　　　　　　　　　　年　　月　　日

技能操作考试试题 6

试题名称：生活给水泵启、停操作

一、准备要求

1. 设备准备

序号	名称	规格	数量	备注
1	生活给水泵		1 台	

2. 工具、量具、刃具准备

名称	规格	精度	数量	名称	规格	精度	数量
纸、笔			各 1	防爆对讲机			1 台
常用工具一套			1 套				

二、操作程序规定及说明

(1)按要求做好设备运行前各项检查；
(2)按设备操作规程进行生活给水泵启、停操作；
(3)按要求进行关键参数监控及现场巡检；
(4)各项检查问题及设备运行参数做好记录；
(5)发现问题及时上报。

三、考核要求

(1)准备时间：5min；
(2)正式操作时间：15min；
(3)计时从正式操作开始，至操作完毕；
(4)规定时间内全部完成，每超 1min，从总分中扣 5 分；总超时 3min，停止作业。

四、配分与评分标准

见技能考核评分记录表 6。

技能考核评分记录表 6

试题名称：生活给水泵启、停操作　　　　考核时间：15min

序号	考试内容	评分要素	配分	评分标准	最大扣分	步长	扣分	得分	备注
1	准备工作	工具、用具准备	5	未准备工具及材料或少准备一件扣 1 分	5	1			
2	启动前检查	确认各部件无松动、脱落现象，接地完好	30	未确认扣 5 分	5	5			
		确认泵润滑油油位及油质合格		未确认扣 5 分	5	5			
		确认电气、仪表、阀门完好，具备了投用条件		未确认扣 5 分	5	5			
		手动盘车 2～3 圈，确保盘车灵活		未盘车扣 5 分	5	5			
		确认泵进、出口阀关闭		未确认扣 5 分	5	5			
		确认设备已送电		未确认送电扣 5 分	5	5			
3	启动步骤	打开生活水罐到泵的出口阀和泵的入口阀，罐内的水通过重力作用流入泵内	40	未开入口阀扣 10 分	10	10			
		将操作柱开关按钮旋至启动位置，待泵的电动机转动后，观察泵出口压力表、电机电流变化，并注意有无异常振动和噪声；一切正常后，逐步开启泵出口阀直至全开，手动调节泵的出口阀直至出口压力在规定范围		未启动生活给水泵扣 5 分	5	5			
				未观察出口压力是否正常扣 5 分	5	5			
				未观察电流是否正常扣 5 分	5	5			
				未观察振动是否正常扣 5 分	5	5			
				未观察噪声是否正常扣 5 分	5	5			
				未逐步开启泵出口阀直至出口压力稳定扣 15 分	15	15			
4	停机步骤	缓慢关闭泵出口阀	20	未关闭泵出口阀扣 5 分	5	5			
		将操作柱开关按钮旋至停止位置，观察泵均匀减速，停运		未在控制面板上停泵扣 10 分	10	10			
		关闭泵入口阀门		未关闭泵入口阀门扣 5 分	5	5			

续表

序号	考试内容	评分要素	配分	评分标准	最大扣分	步长	扣分	得分	备注
5	记录	记录启停过程中发现的问题	5	未进行记录扣5分	5	5			
6	安全生产及其他	劳保用品穿戴齐全、正确	从总分中扣除	劳保穿戴不齐整不得进入现场	100	5			
		严格按操作规程操作		每违反一项操作规定扣5分，严重的停止操作	100	5			
		在规定时间内完成操作		每超时1min的扣5分，超过3min停止操作	15	5			
合　计			100						

考评员：　　　　　　　　　　　　　　　　年　　月　　日

技能操作考试试题 7

试题名称：卸料臂气密、置换操作

一、准备要求

1. 设备准备

序号	名称	规格	数量	备注
1	LNG 卸料臂		1 台	

2. 材料准备

序号	名称	规格	数量	备注
1	记录纸		1 张	
2	记录笔		1 支	

3. 工具、量具、刃具准备

名称	规格	精度	数量	名称	规格	精度	数量
F 扳手			1 把	防爆对讲机			1 台
氧含量检测仪			1 台	露点仪			1 台
验漏液			1 瓶				

二、操作程序规定及说明

(1)工具准备；
(2)气密前准备；
(3)气密测试；
(4)氮气置换；
(5)汇报、记录。

三、考核要求

(1)准备时间：3min；
(2)正式操作时间：20min；
(3)计时从正式操作开始，至操作完毕；
(4)规定时间内全部完成，每超 1min，从总分中扣 5 分；总超时 5min，停止作业。

四、配分与评分标准

见技能考核评分记录表 7。

技能考核评分记录表 7

试题名称：卸料臂气密、置换操作　　　　考核时间：20min

序号	考试内容	评分要素	配分	评分标准	最大扣分	步长	扣分	得分	备注
1	准备工作	准备工器具	10	每少一样扣 2 分	10	2			
2	操作前准备	确认船方集管放空阀已关闭	10	未确认船方集管放空阀已关闭扣 5 分	5	5			
		确认卸料臂快速接头与船方法兰已接好		未确认卸料臂快速接头与船方法兰接好扣 5 分	5	5			
3	气密测试	打开卸料臂上球阀	5	未打开上球阀扣 5 分	5	5			
		缓慢打开氮气吹扫管线球阀及截止阀	10	氮气吹扫管线阀门漏开一个扣 5 分	10	5			
		缓慢打开卸料臂氮气注入管线球阀，注氮升压	5	未缓慢打开卸料臂氮气注入球阀扣 5 分	5	5			
		关注压力表示数，当压力达到 0. 5MPa 时关闭卸料臂氮气注入管线球阀，停止注氮	10	未关注压力表示数上升至 0. 5MPa 扣 5 分	5	5			
				提前关闭卸料臂注氮阀扣 5 分	5	5			
		用验漏液检测卸料臂快速接头与船方法兰连接处是否有气体泄漏，并观察集管处压力有无下降	10	未用验漏液检测泄漏的扣 5 分	5	5			
				验漏判断错误扣 3 分	3	3			
				未观察压力情况扣 2 分	2	2			
4	氮气置换	船方打开船上集管放空阀门放空	5	未要求船方打开集管放空阀的扣 5 分	5	5			
		重新打开卸料臂氮气注入管线球阀注氮吹扫，控制压力不超过 0. 5MPa	10	未打开卸料臂氮气注入管线球阀注氮扣 5 分	5	5			
				压力超过 0. 5MPa 扣 5 分	5	5			
		集管放空阀门出口检测氧含量和露点，直至氧含量低于 1%，露点低于 -40℃，关闭卸料臂氮气注入管线球阀及氮气吹扫管线阀门	16	氧含量、露点任一指标不清楚或未置换合格扣 5 分	10	5			
				置换合格后每漏关一个阀门扣 3 分	6	3			

续表

序号	考试内容	评分要素	配分	评分标准	最大扣分	步长	扣分	得分	备注
5	汇报记录	汇报中控室卸料臂气密、置换情况，并记录	9	未汇报气密、置换情况扣3分	3	3			
				未记录气密、置换情况扣3分	3	3			
		整理工具，清理现场		未整理工具、清理现场扣3分	3	3			
6	安全生产及其他	劳保用品穿戴齐全、正确	从总分中扣除	劳保穿戴不齐整不得进入现场	100	100			
		严格按操作规程操作		每违反一项操作规定扣5分，严重的停止操作	100	5			
		在规定时间内完成操作		每超时1min扣5分，超过5min停止操作	25	5			
合 计			100						

考评员：　　　　年　　月　　日

技能操作考试试题8

试题名称：识读LNG储罐及附属设备结构图

一、准备要求

材料准备

序号	名称	规格	数量	备注
1	记录纸		1张	
2	记录笔		1支	
3	LNG储罐及附属设备结构图纸		1张	

二、操作程序规定及说明

(1)识读标题栏、明细栏；
(2)识读储罐结构总图。

三、考核要求

(1)准备时间：3min；
(2)正式操作时间：15min；
(3)计时从正式操作开始，至操作完毕；
(4)规定时间内全部完成，每超1min，从总分中扣5分；总超时4min，停止作业。

四、配分与评分标准

见技能考核评分记录表8。

技能考核评分记录表 8

试题名称：识读 LNG 储罐及附属设备结构图　　　　考核时间：15min

序号	考试内容	评分要素	配分	评分标准	最大扣分	步长	扣分	得分	备注
1	准备工作	准备材料	5	未准备材料扣 5 分	5	5			
2	识读标题栏、明细栏	通过标题栏识读图的名称、图号等	9	识读图纸名称、图号、设计阶段等每漏一项扣 3 分	9	3			
		通过明细栏识读储罐主要设计参数及接管明细	25	储罐几何容积、工作容积、外罐直径及高度、内罐直径及高度等设计尺寸，每漏一项扣 2 分	10	2			
				设计液位、设计压力、设计温度等参数每漏一项扣 3 分	9	3			
				接管尺寸不会识读扣 3 分	3	3			
				接管作用不会识读扣 3 分	3	3			
3	识读储罐结构总图	识读储罐外罐、内罐、保冷、接管等结构、材质	46	外罐基础识读不正确扣 4 分	4	4			
				外罐壁识读不正确扣 4 分	4	4			
				外罐顶识读不正确扣 4 分	4	4			
				内罐底结构识读不正确扣 4 分	4	4			
				内罐壁结构识读不正确扣 4 分	4	4			
				铝吊顶结构识读不正确扣 4 分	4	4			
				罐底保冷结构识读不正确扣 4 分	4	4			
				罐顶保冷结构识读不正确扣 4 分	4	4			
				环形空间保冷结构识读不正确扣 4 分	4	4			
				热角保护保冷结构识读不正确扣 4 分	4	4			
				外罐、内罐、保冷系统材质识读不正确每项扣 2 分	6	2			
		识读局部详图	10	局部详图结构识读不正确每项扣 5 分	5	5			
				局部详图相关材质、参数识读不正确扣 5 分	5	5			

续表

序号	考试内容	评分要素	配分	评分标准	最大扣分	步长	扣分	得分	备注
4	清理现场	清点材料，清理现场	5	未清理材料、现场扣5分	5	5			
5	安全文明生产	劳保用品穿戴齐全、正确	从总分中扣除	劳保穿戴不齐整不得进入现场	100	100			
		严格按操作规程操作		不遵守考场纪律扣10分，严重违纪的停止考试	100	10			
		在规定时间内完成操作		每超时1min扣5分，超过4min停止操作	20	5			
合计			100						

考评员：　　　　　　　　　　　　　　　　　　　　年　　月　　日

技能操作考试试题9

试题名称：识读装车撬的工艺简图

一、准备要求

材料准备

序号	名称	规格	数量	备注
1	记录笔		1支	
2	记录本		1本	
3	PID图纸		1本	

二、操作程序规定及说明

(1)准备工作；
(2)识读标题栏；
(3)识读图例及说明；
(4)识读生产流程；
(5)填记录；
(6)收工具。

三、考核要求

(1)准备时间：5min；
(2)正式操作时间：20min；
(3)计时从正式操作开始，至操作完毕；
(4)规定时间内全部完成，每超1min，从总分中扣3分；总超时5min，停止作业。

四、配分与评分标准

见技能考核评分记录表9。

技能考核评分记录表 9

试题名称：识读装车撬的工艺简图　　　　考核时间：20min

序号	考试内容	评分要素	配分	评分标准	最大扣分	步长	扣分	得分	备注
1	工具	准备工器具	10	未准备工具及材料扣 5 分	5	5			
				每少一样扣 1 分	5	1			
2	准备工作	报告开始	5	未报告开始扣 5 分	5	5			
3	识读标题栏	从标题栏了解流程图的名称、主要设备	10	未说明流程图名称扣 5 分	5	5			
				未说明主要设备扣 5 分	5	5			
4	识读图例及说明	识读熟悉图例；识读图例说明；识读图中报警及联锁	30	未读图例扣 10 分	10	10			
				未说明图中报警扣 10 分	10	10			
				未说明图中联锁扣 10 分	10	10			
5	识读生产流程	熟悉装置主流程； 熟悉装置辅助流程	45	未全面说明液相管线流程扣 5 分	5	5			
				未全面说明气相管线流程扣 5 分	5	5			
				未全面说明排凝管线流程扣 5 分	5	5			
				未全面说明放空管线流程扣 5 分	5	5			
				未全面说明安全阀流程扣 5 分	5	5			
				未全面说明氮气管线流程扣 5 分	5	5			
				未全面说明仪表风管线流程扣 5 分	5	5			
				未全面说明压力监控流程扣 5 分	5	5			
				未全面说明温度监控流程扣 5 分	5	5			
6	安全生产及其他	劳保用品穿戴齐全、正确	从总分中扣除	劳保穿戴不齐整不得进入现场	100	100			
		严格按操作规程操作		每违反一项操作规定扣 5 分，严重的停止操作	100	5			
		在规定时间内完成操作		每超时 1min 的扣 3 分，超过 5min 停止操作	15	5			
		合　计	100						

考评员：　　　　年　　月　　日

技能操作考试试题 10

试题名称：识读高压泵工艺流程图

一、准备要求

1. 材料准备

序号	名称	规格	数量	备注
1	记录笔	个	1	
2	记录表	张	1	
3	PID 图纸	套	1	

2. 工具、量具、刃具准备

名称	规格	精度	数量	名称	规格	精度	数量
纸、笔			各 1	秒表			1 只

二、操作程序规定及说明

(1) 准备工作：考场照明良好，光线充足；考场要清洁规范，无干扰；

(2) 识图过程；

(3) 材料回收放置。

三、考核要求

(1) 准备时间：5min；

(2) 正式操作时间：20min；

(3) 计时从正式操作开始，至操作完毕；

(4) 规定时间内全部完成，每超 1min，从总分中扣 3 分；总超时 5min，停止作业。

四、配分与评分标准

见技能考核评分记录表 10。

技能考核评分记录表 10

试题名称：识读高压泵工艺流程图　　考核时间：20min

序号	考试内容	评分要素	配分	评分标准	最大扣分	步长	扣分	得分	备注
1	准备工作	找到高压泵 PID 图纸	从总分中扣除	未正确找到高压泵 PID 图，结束考试	100	100			
2	识读标题栏	识读图纸名称、图号	4	未识读出图纸名称扣 2 分	2	2			
				未识读出图号扣 2 分	2	2			
3	识读设备图例及位号	识读出 PID 中高压泵的图例、泵筒和位号	6	未识读出高压泵图例扣 2 分	2	2			
				未识读出泵筒图例扣 2 分	2	2			
				未识读出高压泵位号扣 2 分	2	2			
4	识读工艺流程及阀门	识读出高压泵的主要工艺管线(入口、出口、回流、保冷、泵筒放空、排凝/预冷、氮封等管线)；识读相应阀门类型(手动/气动、切断阀/调节阀/止逆阀、球阀/蝶阀/截止阀/安全阀等)	64	未识读出泵入口管线扣 4 分	4	4			
				未识读出泵出口管线扣 4 分	4	4			
				未识读出泵回流管线扣 4 分	4	4			
				未识读出泵保冷管线扣 4 分	4	4			
				未识读出泵放空管线扣 4 分	4	4			
				未识读出泵排凝管线扣 4 分	4	4			
				未识读出泵预冷管线扣 4 分	4	4			
				未识读出泵氮封管线扣 4 分	4	4			
				未识读出泵入口阀门扣 4 分	4	4			

续表

序号	考试内容	评分要素	配分	评分标准	最大扣分	步长	扣分	得分	备注
4	识读工艺流程及阀门	识读出高压泵的主要工艺管线（入口、出口、回流、保冷、泵筒放空、排凝/预冷、氮封等管线）； 识读相应阀门类型（手动/气动、切断阀/调节阀/止逆阀、球阀/蝶阀/截止阀/安全阀等）	64	未识读出泵出口阀门扣4分	4	4			
				未识读出泵回流阀门扣4分	4	4			
				未识读出泵保冷阀门扣4分	4	4			
				未识读出泵放空阀门扣4分	4	4			
				未识读出泵排凝阀门扣4分	4	4			
				未识读出泵预冷阀门扣4分	4	4			
				未识读出泵氮封阀门扣4分	4	4			
5	识读管道信息	识读出主要管线的介质及管径（包括过滤器、限流孔板等信息）	10	未识读出管线介质扣3分	3	3			
				未识读出管线管径扣3分	3	3			
				未识读出过滤器扣2分	2	2			
				未识读出限流孔板扣2分	2	2			
6	识读工艺参数信息	识读工艺参数监控点	12	未识读出相关工艺温度仪表扣4分	4	4			
				未识读出相关压力仪表扣4分	4	4			
				未识读出相关工艺流量仪表扣2分	2	2			
				未识读出相关工艺液位仪表扣2分	2	2			
7	识读图纸注释	识读出图纸的注释信息	4	未识读图纸的注释信息扣4分	4	4			
8	安全生产及其他	劳保用品穿戴齐全、正确	从总分中扣除	劳保穿戴不齐整不得进入现场扣100分	100	100			
		严格按操作规程操作		每违反一项操作规定扣5分，严重的停止操作	100	5			
		在规定时间内完成操作		每超时1min扣3分，超过5min停止操作	15	3			
		合　计	100						

考评员：　　　　　　　　　　　　　　　　　　　　　　年　　月　　日

技能操作考试试题 11

试题名称：识读海水开架式气化器(ORV)流程图

一、准备要求

1. 材料准备

序号	名称	规格	数量	备注
1	记录笔	个	1	
2	记录表	张	1	
3	PID 图纸	套	1	

2. 工具、量具、刃具准备

名称	规格	精度	数量	名称	规格	精度	数量
纸、笔			各 1	秒表			1 只

二、操作程序规定及说明

(1)准备工作：考场照明良好，光线充足；考场要清洁规范，无干扰；
(2)识图过程；
(3)材料回收放置。

三、考核要求

(1)准备时间：5min；
(2)正式操作时间：20min；
(3)计时从正式操作开始，至操作完毕；
(4)规定时间内全部完成，每超 1min，从总分中扣 3 分；总超时 5min，停止作业。

四、配分与评分标准

见技能考核评分记录表 11。

技能考核评分记录表 11

试题名称：识读海水开架式气化器(ORV)流程图　　考核时间：20min

序号	考试内容	评分要素	配分	评分标准	最大扣分	步长	扣分	得分	备注
1	准备工作	找到 ORV PID 图纸	从总分中扣除	未正确找到 ORV PID 图，结束考试	100	100			
2	识读标题栏	识读图纸名称、图号	10	未识读出图纸名称扣 5 分	5	5			
				未识读出图号扣 5 分	5	5			
3	识读设备图例及位号	识读出 PID 中 ORV 的图例和位号	10	未识读出 ORV 图例扣 5 分	5	5			
				未识读出 ORV 位号扣 5 分	5	5			
4	识读工艺流程及阀门	识读出 ORV 的主要工艺管线(入口、出口、海水、放空、排凝、预冷等管线)；识读相应阀门类型(手动/气动、切断阀/调节阀/止逆阀、球阀/蝶阀/截止阀/安全阀等)	55	未识读出 ORV 入口管线扣 5 分	5	5			
				未识读出 ORV 出口管线扣 5 分	5	5			
				未识读出 ORV 海水管线扣 5 分	5	5			
				未识读出 ORV 放空管线扣 5 分	5	5			
				未识读出 ORV 排凝管线扣 4 分	4	4			
				未识读出 ORV 预冷管线扣 4 分	4	4			
				未识读出 ORV 入口阀门扣 5 分	5	5			
				未识读出 ORV 出口阀门扣 5 分	5	5			
				未识读出 ORV 海水阀门扣 5 分	5	5			
				未识读出 ORV 放空阀门扣 4 分	4	4			
				未识读出 ORV 排凝阀门扣 4 分	4	4			
				未识读出 ORV 预冷阀门扣 4 分	4	4			

续表

序号	考试内容	评分要素	配分	评分标准	最大扣分	步长	扣分	得分	备注
5	识读管道信息	识读出主要管线的介质及管径	8	未识读出管线介质扣4分	4	4			
				未识读出管线管径扣4分	4	4			
6	识读工艺参数信息	识读工艺参数监控点	12	未识读出相关温度仪表扣4分	4	4			
				未识读出相关压力仪表扣4分	4	4			
				未识读出相关流量仪表扣4分	4	4			
7	识读图纸注释	识读出图纸的注释信息	5	未识读图纸的注释信息扣5分	5	5			
8	安全生产及其他	劳保用品穿戴齐全、正确	从总分中扣除	劳保穿戴不齐整不得进入现场扣100分	100	100			
		严格按操作规程操作		每违反一项操作规定扣5分，严重的停止操作	100	5			
		在规定时间内完成操作		每超时1min扣3分，超过5min停止操作	15	3			
合　计			100						

考评员：　　　　　　　　　　　　　　　　　　　年　　月　　日

技能操作考试试题 12

试题名称：识读计量外输流程图

一、准备要求

1. 材料准备

序号	名称	规格	数量	备注
1	记录笔	个	1	
2	记录表	张	1	
3	PID 图纸	套	1	

2. 工具、量具、刃具准备

名称	规格	精度	数量	名称	规格	精度	数量
纸、笔			各 1	秒表			1 只

二、操作程序规定及说明

(1)准备工作：考场照明良好，光线充足；考场要清洁规范，无干扰；
(2)识图过程；
(3)材料回收放置。

三、考核要求

(1)准备时间：5min；
(2)正式操作时间：20min；
(3)计时从正式操作开始，至操作完毕；
(4)规定时间内全部完成，每超 1min，从总分中扣 3 分；总超时 5min，停止作业。

四、配分与评分标准

见技能考核评分记录表 12。

技能考核评分记录表12

试题名称：识读计量外输流程图　　　　考核时间：20min

序号	考试内容	评分要素	配分	评分标准	最大扣分	步长	扣分	得分	备注
1	准备工作	找到计量外输 PID 图纸	从总分中扣除	未正确找到计量外输 PID 图，结束考试	100	100			
2	识读标题栏	识读图纸名称、图号	10	未识读出图纸名称扣5分	5	5			
				未识读出图号扣5分	5	5			
3	识读设备图例及位号	识读出 PID 中计量外输的图例和位号(超声波流量计、发球筒等设施)	12	未识读出超声波流量计图例扣3分	3	3			
				未识读出超声波流量计位号扣3分	3	3			
				未识读出发球筒图例扣3分	3	3			
				未识读出发球筒位号扣3分	3	3			
4	识读工艺流程及阀门	识读出计量外输的主要工艺管线(外输总管、计量撬支路、发球筒工艺、放空等管线)；识读相应阀门类型(手动/气动、切断阀/调节阀/止逆阀、球阀/蝶阀/截止阀/安全阀等)	40	未识读出外输总管管线扣5分	5	5			
				未识读出计量撬支路管线扣5分	5	5			
				未识读出发球筒工艺管线扣5分	5	5			
				未识读出放空管线扣5分	5	5			
				未识读出外输总管阀门扣5分	5	5			
				未识读出计量撬支路阀门扣5分	5	5			
				未识读出发球筒工艺阀门扣5分	5	5			
				未识读出放空阀门扣5分	5	5			
5	识读管道信息	识读出主要管线的介质及管径	8	未识读出管线介质扣4分	4	4			
				未识读出管线管径扣4分	4	4			

续表

序号	考试内容	评分要素	配分	评分标准	最大扣分	步长	扣分	得分	备注
6	识读工艺参数信息	识读工艺参数监控点	25	未识读出相关工艺温度仪表扣6分	6	6			
				未识读出相关工艺压力仪表扣6分	6	6			
				未识读出相关工艺流量仪表扣6分	6	6			
				未识读出相关工艺取样分析仪表扣7分	7	7			
7	识读图纸注释	识读出图纸的注释信息	5	未识读图纸的注释信息扣5分	5	5			
8	安全生产及其他	劳保用品穿戴齐全、正确	从总分中扣除	劳保穿戴不齐整不得进入现场扣100分	100	100			
		严格按操作规程操作		每违反一项操作规定扣5分，严重的停止操作	100	5			
		在规定时间内完成操作		每超时1min扣3分，超过5min停止操作	15	3			
合计			100						

考评员：　　　　　　　　　　　　　　　　　　　年　　月　　日

技能操作考试试题 13

试题名称：SCV 水浴池排水、补水操作

一、准备要求

1. 设备准备

序号	名称	规格	数量	备注
1	停用的 SCV		套	1

2. 材料准备

序号	名称	规格	数量	备注
1	记录笔	个	1	
2	记录表	张	1	
3	细纱布	块	若干	

3. 工具、量具、刃具准备

名称	规格	精度	数量	名称	规格	精度	数量
防爆对讲机			1	F 扳手			1

二、操作程序规定及说明

(1)准备工作；
(2)检查流程；
(3)补水操作；
(4)排水操作；
(5)操作后检查；
(6)收工具。

三、考核要求

(1)准备时间：5min；
(2)正式操作时间：20min；
(3)计时从正式操作开始，至操作完毕；
(4)规定时间内全部完成，每超 1min，从总分中扣 3 分；总超时 5min，停止作业。

四、配分与评分标准

见技能考核评分记录表 13。

技能考核评分记录表 13

试题名称：SCV 水浴池排水、补水操作　　　　考核时间：20min

序号	考试内容	评分要素	配分	评分标准	最大扣分	步长	扣分	得分	备注
1	准备工作	准备工具、材料等，并汇报中控室做好操作准备	15	工具和材料未配齐全，每项扣 2 分	10	2			
				未汇报中控室扣 5 分	5	5			
2	补水前工艺流程检查	确认补水水源充足并且水质合格；确认软化水系统运行正常；确认排水阀门已经关闭；确认水池液位计投用正常	30	未确认软化水系统正常扣 5 分	5	5			
				未确认补水水源充足扣 5 分	5	5			
				未确认补水水源水质合格（Cl^- 含量低于 25ppm 的合格软化水）扣 10 分	10	10			
				未确认排水阀门已经关闭扣 5 分	5	5			
				未确认水池液位计投用正常扣 5 分	5	5			
3	补水操作	打开补水阀门、监控水池液位，液位达到低液位报警以上停止补水	20	未正确打开补水阀门扣 10 分	10	10			
				未正确监控水池液位扣 5 分	5	5			
				液位达到低液位报警以上未关闭补水阀门扣 5 分	5	5			
4	排水前工艺流程检查	确认 SCV 已经正常停车；确认污水处理系统可以接收生产污水排放、排水池无异物	15	未确认 SCV 已经正常停车扣 5 分	5	5			
				未确认污水处理系统可以接收生产污水排放扣 5 分	5	5			
				未确认排水池无异物扣 5 分	5	5			
5	排水操作	正确打开排水阀门将水池液位降至 0 后关闭排水阀门	15	未正确打开排水阀门扣 10 分	10	10			
				水池液位降至 0 未关闭排水阀门扣 5 分	5	5			

续表

序号	考试内容	评分要素	配分	评分标准	最大扣分	步长	扣分	得分	备注
6	操作结束	工具回收、清理现场	5	未清理现场扣5分	5	5			
7	安全生产及其他	劳保用品穿戴齐全、正确	从总分中扣除	劳保穿戴不齐整不得进入现场扣100分	100	100			
		严格按操作规程操作		每违反一项操作规定扣5分，严重的停止操作	100	5			
		在规定时间内完成操作		每超时1min扣3分，超过5min停止操作	15	3			
合计			100						

考评员：　　　　　　　　　　　　　　　　　　　　　　　　　　年　　月　　日

技能操作考试试题 14

试题名称：BOG 压缩机(立式)冷却水系统设备操作

一、准备要求

1. 设备准备

序号	名称	规格	数量	备注
1	BOG 压缩机(立式)冷却水系统		1 套	

2. 材料准

序号	名称	规格	数量	备注
1	记录笔	个	1	
2	记录表	张	1	
3	细纱布	块	若干	

3. 工具、量具、刃具准备

名称	规格	精度	数量	名称	规格	精度	数量
防爆对讲机			1	F 扳手			1

二、操作程序规定及说明

(1)准备工作；
(2)检查流程；
(3)操作；
(4)检查运行情况；
(5)收工具。

三、考核要求

(1)准备时间：5min；
(2)正式操作时间：20min；
(3)计时从正式操作开始，至操作完毕；
(4)规定时间内全部完成，每超 1min，从总分中扣 3 分；总超时 5min，停止作业。

四、配分与评分标准

见技能考核评分记录表 14。

技能考核评分记录表14

试题名称：BOG压缩机(立式)冷却水系统设备操作　　考核时间：20min

序号	考试内容	评分要素	配分	评分标准	最大扣分	步长	扣分	得分	备注
1	准备工作	准备工具、材料等，并汇报中控室做好操作准备	15	工具和材料未配齐全，每项扣2分	10	2			
				未汇报中控室扣5分	5	5			
2	检查工艺流程(设定流程)	确认各用电设备送电情况并检查工艺流程、系统无泄漏、设备完好	20	未确认设备完好扣4分	4	4			
				未确认送电情况扣4分	4	4			
				未对工艺流程检查扣4分	4	4			
				未对工艺流程设定系统工艺参数扣4分	4	4			
				未检查无泄漏扣4分	4	4			
3	操作	操作面板识别	47	未识别操作面板按键扣5分	5	5			
				未识别操作面板指示灯扣5分	5	5			
		手动/自动模式切换		不会手动与自动模式切换扣5分	5	5			
		水泵、电加热器、风冷扇的启停操作		不会水泵的启停每项扣4分	8	4			
				不会水泵的切换每项扣4分	8	4			
				不会电加热器的启停每项扣4分	8	4			
				不会风冷扇的启停每项扣4分	8	4			
4	启动后检查	启动后将系统设为自动模式，对系统设备运行情况及压力、温度等参数进行确认	13	未对设备运行情况进行检查(无泄漏等)扣4分	4	4			
				未对设备运行各项参数进行确认扣4分	4	4			
				未将系统设为自动模式扣5分	5	5			
5	操作结束	工具回收、清理现场	5	未清理现场扣5分	5	5			
6	安全生产及其他	劳保用品穿戴齐全、正确	从总分中扣除	劳保穿戴不齐整不得进入现场扣100分	100	100			
		严格按操作规程操作		每违反一项操作规定扣5分，严重的停止操作	100	5			
		在规定时间内完成操作		每超时1min扣3分，超过5min停止操作	15	3			
	合　计		100						

考评员：　　　　年　　月　　日

技能操作考试试题 15

试题名称：识读再冷凝器流程图

一、准备要求

1. 材料准备

序号	名称	规格	数量	备注
1	记录笔	个	1	
2	记录表	张	1	
3	PID 图纸	套	1	

2. 工具、量具、刃具准备

名称	规格	精度	数量	名称	规格	精度	数量
纸、笔			各 1	秒表			1 只

二、操作程序规定及说明

(1)准备工作：考场照明良好，光线充足；考场要清洁规范，无干扰。
(2)识图过程；
(3)材料回收放置。

三、考核要求

(1)准备时间：5min；
(2)正式操作时间：20min；
(3)计时从正式操作开始，至操作完毕；
(4)规定时间内全部完成，每超 1min，从总分中扣 3 分；总超时 5min，停止作业。

四、配分与评分标准

见技能考核评分记录表 15。

技能考核评分记录表 15

试题名称：识读再冷凝器流程图　　　　　　　　　　　　　　　　考核时间：20min

序号	考试内容	评分要素	配分	评分标准	最大扣分	步长	扣分	得分	备注
1	准备工作	找到再冷凝器 PID 图纸	从总分中扣除	未正确找到再冷凝器 PID 图，结束考试扣 100 分	100	100			
2	识读标题栏	识读图纸名称、图号	6	未识读出图纸名称扣 3 分	3	3			
				未识读出图号扣 3 分	3	3			
3	识读设备图例及位号	识读出 PID 中再冷凝器的放空罐、冷换器图例和位号	18	未识读出再冷凝器图例扣 3 分	3	3			
				未识读出放空罐图例扣 3 分	3	3			
				未识读出冷换器图例扣 3 分	3	3			
				未识读出放空罐位号扣 3 分	3	3			
				未识读出再冷凝器位号扣 3 分	3	3			
				未识读出冷换器位号扣 3 分	3	3			
4	识读工艺流程及阀门	识读出再冷凝器的主要工艺管线(LNG 入口、BOG、出口、泵回流、泄压、泵放空、排凝/预冷、高压补气等管线)； 识读相应主要阀门	48	未识读出 LNG 入口管线扣 3 分	3	3			
				未识读出 BOG 出口管线扣 3 分	3	3			
				未识读出泵回流管线扣 3 分	3	3			
				未识读出泄压管线扣 3 分	3	3			
				未识读出泵放空管线扣 3 分	3	3			
				未识读出排凝管线扣 3 分	3	3			
				未识读出预冷管线扣 3 分	3	3			

续表

序号	考试内容	评分要素	配分	评分标准	最大扣分	步长	扣分	得分	备注
4	识读工艺流程及阀门	识读出再冷凝器的主要工艺管线（LNG 入口、BOG 出口、泵回流、泄压、泵放空、排凝/预冷、高压补气等管线）； 识读相应主要阀门	48	未识读出高压补气管线扣 3 分	3	3			
				未识读出 LNG 入口阀门扣 3 分	3	3			
				未识读出 BOG 出口阀门扣 3 分	3	3			
				未识读出泵回流阀门扣 3 分	3	3			
				未识读出泄压阀门扣 3 分	3	3			
				未识读出泵放空阀门扣 3 分	3	3			
				未识读出排凝阀门扣 3 分	3	3			
				未识读出预冷阀门扣 3 分	3	3			
				未识读出高压补气阀门扣 3 分	3	3			
5	识读管道及设备信息	识读出主要管线的介质、管径等信息	6	未识读出管线的介质扣 3 分	3	3			
				未识读出管线的管径扣 3 分	3	3			
		识读出图纸设备作用、结构等信息	6	未识读出图纸设备作用扣 3 分	3	3			
				未识读出图纸设备结构扣 3 分	3	3			
6	识读工艺参数信息	识读工艺参数监控点及控制	12	未识读出相关工艺温度控制扣 3 分	3	3			
				未识读出相关工艺压力控制扣 3 分	3	3			
				未识读出相关工艺流量控制扣 3 分	3	3			
				未识读出相关工艺液位控制扣 3 分	3	3			

续表

序号	考试内容	评分要素	配分	评分标准	最大扣分	步长	扣分	得分	备注
7	识读图纸注释	识读出图纸的注释信息	4	未识读图纸的注释信息扣4分	4	4			
8	安全生产及其他	劳保用品穿戴齐全、正确	从总分中扣除	劳保穿戴不齐整不得进入现场扣100分	100	100			
		严格按操作规程操作		每违反一项操作规定扣5分，严重的停止操作	100	5			
		在规定时间内完成操作		每超时1min扣3分，超过5min停止操作	15	3			
合计			100						

考评员： 年 月 日

技能操作考试试题 16

试题名称：识读 BOG 压缩机流程图(立式)

一、准备要求

1. 材料准备

序号	名称	规格	数量	备注
1	记录笔	个	1	
2	记录表	张	1	
3	PID 图纸	套	1	

2. 工具、量具、刃具准备

名称	规格	精度	数量	名称	规格	精度	数量
纸、笔			各 1	秒表			1 只

二、操作程序规定及说明

(1)准备工作：考场照明良好，光线充足；考场要清洁规范，无干扰。
(2)识图过程；
(3)材料回收放置。

三、考核要求

(1)准备时间：5min；
(2)正式操作时间：20min；
(3)计时从正式操作开始，至操作完毕；
(4)规定时间内全部完成，每超 1min，从总分中扣 3 分；总超时 5min，停止作业。

四、配分与评分标准

见技能考核评分记录表 16。

技能考核评分记录表 16

试题名称：识读 BOG 压缩机流程图(立式)　　考核时间：20min

序号	考试内容	评分要素	配分	评分标准	最大扣分	步长	扣分	得分	备注
1	准备工作	找到 BOG 压缩机流程图 PID 图纸	从总分中扣除	未正确找到 BOG 压缩机流程图 PID 图，结束考试	100	100			
2	识读标题栏	识读图纸名称、图号	10	未识读出图纸名称扣 5 分	5	5			
				未识读出图号扣 5 分	5	5			
3	识读设备图例及位号	识读出 PID 中 BOG 压缩机流程图的图例和位号(BOG 压缩机、过滤器等设施)	10	未识读出 BOG 压缩机图例及位号扣 5 分	5	5			
				未识读出入口过滤器图例扣 5 分	5	5			
4	识读工艺流程及阀门	识读出 BOG 压缩机流程图的主要工艺管线(入口管线、出口管线、回流管线、过滤器吹扫等管线)；识读相应阀门类型(手动/气动、切断阀/调节阀/止逆阀、球阀/蝶阀/截止阀/安全阀等)	50	未识读出入口管线扣 5 分	5	5			
				未识读出出口管线扣 5 分	5	5			
				未识读出回流管线扣 5 分	5	5			
				未识读出过滤器吹扫管线扣 5 分	5	5			
				未识读出安全阀泄放管线扣 5 分	5	5			
				未识读出安全阀扣 5 分	5	5			
				未识读出入口阀门扣 5 分	5	5			
				未识读出出口阀门扣 5 分	5	5			
				未识读出回流阀门扣 5 分	5	5			
				未识读出过滤器吹扫阀门扣 5 分	5	5			
5	识读管道信息	识读出主要管线的介质及管径	10	未识读出管线介质扣 5 分	5	5			
				未识读出管线管径扣 5 分	5	5			

续表

序号	考试内容	评分要素	配分	评分标准	最大扣分	步长	扣分	得分	备注
6	识读工艺参数信息	识读工艺参数监控点	15	未识读出相关工艺温度仪表扣5分	5	5			
				未识读出相关工艺压力仪表扣5分	5	5			
				未识读出相关工艺过滤器压差仪表扣5分	5	5			
7	识读图纸注释	识读出图纸的注释信息	5	未识读图纸的注释信息扣5分	5	5			
8	安全生产及其他	劳保用品穿戴齐全、正确	从总分中扣除	劳保穿戴不齐整不得进入现场扣100分	100	100			
		严格按操作规程操作		每违反一项操作规定扣5分，严重的停止操作	100	5			
		在规定时间内完成操作		每超时1min扣3分，超过5min停止操作	15	3			
合计			100						

考评员：　　　　　　　　　　　　　　　　年　　月　　日

技能操作考试试题 17

试题名称：识读火炬及火炬分液罐的流程图(高空火炬)

一、准备要求

1. 材料准备

序号	名称	规格	数量	备注
1	记录笔	个	1	
2	记录表	张	1	
3	PID 图纸	套	1	

2. 工具、量具、刃具准备

名称	规格	精度	数量	名称	规格	精度	数量
纸、笔			各 1	秒表			1 只

二、操作程序规定及说明

(1)准备工作：考场照明良好，光线充足；考场要清洁规范，无干扰；
(2)识图过程；
(3)材料回收放置。

三、考核要求

(1)准备时间：5min；
(2)正式操作时间：20min；
(3)计时从正式操作开始，至操作完毕；
(4)规定时间内全部完成，每超 1min，从总分中扣 3 分；总超时 5min，停止作业。

四、配分与评分标准

见技能考核评分记录表 17。

技能考核评分记录表 17

试题名称：识读火炬及火炬分液罐的流程图(高空火炬)　　考核时间：20min

序号	考试内容	评分要素	配分	评分标准	最大扣分	步长	扣分	得分	备注
1	准备工作	找到高空火炬流程图 PID 图纸	从总分中扣除	未正确找到高空火炬流程图 PID 图，结束考试	100	100			
2	识读标题栏	识读图纸名称、图号	8	未识读出图纸名称扣 4 分	4	4			
				未识读出图号扣 4 分	4	4			
3	识读设备图例及位号	识读出 PID 中高空火炬流程图的图例和位号(高空火炬、火炬分液罐、LPG 装置、点火装置等设施)	24	未识读出高空火炬图例扣 4 分	4	4			
				未识读出高空火炬位号扣 4 分	4	4			
				未识读出火炬分液罐扣 4 分	4	4			
				未识读出火炬分液罐加热器扣 4 分	4	4			
				未识读出点火装置扣 4 分	4	4			
				未识读出 LPG 装置扣 4 分	4	4			
4	识读工艺流程及阀门	识读出高空火炬流程图的主要工艺管线(火炬放空管线、燃料气流程、氮气流程、备用火炬切换流程、长明灯及引火流程等)；识读相应阀门类型(手动/气动、调压阀、切断阀/调节阀/止逆阀、球阀/蝶阀/截止阀/安全阀等)	40	未识读出火炬放空管线扣 4 分	4	4			
				未识读出燃料气流程扣 4 分	4	4			
				未识读出氮气流程扣 4 分	4	4			
				未识读出备用火炬切换流程扣 4 分	4	4			
				未识读出长明灯引火流程扣 4 分	4	4			
				未识读出火炬放空阀门扣 4 分	4	4			
				未识读出燃料气流程阀门扣 4 分	4	4			

续表

序号	考试内容	评分要素	配分	评分标准	最大扣分	步长	扣分	得分	备注
4	识读工艺流程及阀门	识读出高空火炬流程图的主要工艺管线(火炬放空管线、燃料气流程、氮气流程、备用火炬切换流程、长明灯及引火流程等);识读相应阀门类型(手动/气动、调压阀、切断阀/调节阀/止逆阀、球阀/蝶阀/截止阀/安全阀等)	40	未识读出氮气流程阀门扣4分	4	4			
				未识读出备用火炬切换流程阀门扣4分	4	4			
				未识读出长明灯引火流程阀门扣4分	4	4			
5	识读管道信息	识读出主要管线的介质及管径	8	未识读出管线介质扣4分	4	4			
				未识读出管线管径扣4分	4	4			
6	识读工艺参数信息	识读工艺参数监控点	15	未识读出相关工艺温度仪表扣5分	5	5			
				未识读出相关工艺压力仪表扣5分	5	5			
				未识读出分液罐液位计扣5分	5	5			
7	识读图纸注释	识读出图纸的注释信息	5	未识读图纸的注释信息扣5分	5	5			
8	安全生产及其他	劳保用品穿戴齐全、正确	从总分中扣除	劳保穿戴不齐整不得进入现场扣100分	100	100			
		严格按操作规程操作		每违反一项操作规定扣5分，严重的停止操作	100	5			
		在规定时间内完成操作		每超时1min扣3分，超过5min停止操作	15	3			
合　计			100						

考评员：　　　　　　　　　　　　　　　　　　　　年　　月　　日

技能操作考试试题 18

试题名称：识读火炬及火炬分液罐的流程图(地面火炬)

一、准备要求

1. 材料准备

序号	名称	规格	数量	备注
1	记录笔	个	1	
2	记录表	张	1	
3	PID 图纸	套	1	

2. 工具、量具、刃具准备

名称	规格	精度	数量	名称	规格	精度	数量
纸、笔			各 1	秒表			1 只

二、操作程序规定及说明

(1)准备工作：考场照明良好，光线充足；考场要清洁规范，无干扰；
(2)识图过程；
(3)材料回收放置。

三、考核要求

(1)准备时间：5min；
(2)正式操作时间：20min；
(3)计时从正式操作开始，至操作完毕；
(4)规定时间内全部完成，每超 1min，从总分中扣 3 分；总超时 5min，停止作业。

四、配分与评分标准

见技能考核评分记录表 18。

技能考核评分记录表 18

试题名称：识读火炬及火炬分液罐的流程图(地面火炬)　　考核时间：20min

序号	考试内容	评分要素	配分	评分标准	最大扣分	步长	扣分	得分	备注
1	准备工作	找到地面火炬流程图 PID 图纸	从总分中扣除	未正确找到地面火炬流程图 PID 图，结束考试	100	100			
2	识读标题栏	识读图纸名称、图号	8	未识读出图纸名称扣 4 分	4	4			
				未识读出图号扣 4 分	4	4			
3	识读设备图例及位号	识读出 PID 中地面火炬流程图的图例和位号(火炬、火炬分液罐、LPG 装置、点火装置等设施)	24	未识读出地面火炬图例扣 4 分	4	4			
				未识读出地面火炬位号扣 4 分	4	4			
				未识读出火炬分液罐扣 4 分	4	4			
				未识读出火炬分液罐加热器扣 4 分	4	4			
				未识读出点火装置扣 4 分	4	4			
				未识读出 LPG 装置扣 4 分	4	4			
4	识读工艺流程及阀门	识读出地面火炬流程图的主要工艺管线(火炬放空管线、燃料气流程、氮气流程、长明灯及引火流程，分级控制流程等)；识读相应阀门类型(手动/气动、调压阀、切断阀/调节阀/止逆阀、球阀/蝶阀/截止阀/安全阀等)	40	未识读出火炬放空管线工艺流程扣 4 分	4	4			
				未识读出燃料气流程扣 4 分	4	4			
				未识读出分级控制流程扣 4 分	4	4			
				未识读出氮气流程扣 4 分	4	4			
				未识读出长明灯引火流程扣 4 分	4	4			
				未识读出火炬放空管线阀门扣 4 分	4	4			
				未识读出燃料气流程阀门扣 4 分	4	4			

续表

序号	考试内容	评分要素	配分	评分标准	最大扣分	步长	扣分	得分	备注
4	识读工艺流程及阀门	识读出地面火炬流程图的主要工艺管线（火炬放空管线、燃料气流程、氮气流程、长明灯及引火流程，分级控制流程等）；识读相应阀门类型（手动/气动、调压阀、切断阀/调节阀/止逆阀、球阀/蝶阀/截止阀/安全阀等）	40	未识读出分级控制流程阀门扣4分	4	4			
				未识读出氮气流程阀门扣4分	4	4			
				未识读出长明灯引火流程阀门扣4分	4	4			
5	识读管道信息	识读出主要管线的介质及管径	8	未识读出管线介质扣4分	4	4			
				未识读出管线管径扣4分	4	4			
6	识读工艺参数信息	识读工艺参数监控点	15	未识读出相关工艺温度仪表扣5分	5	5			
				未识读出相关工艺压力仪表扣5分	5	5			
				未识读出分液罐液位计扣5分	5	5			
7	识读图纸注释	识读出图纸的注释信息	5	未识读图纸的注释信息扣4分	5	5			
8	安全生产及其他	劳保用品穿戴齐全、正确	从总分中扣除	劳保穿戴不齐整不得进入现场	100	100			
		严格按操作规程操作		每违反一项操作规定扣5分，严重的停止操作	100	5			
		在规定时间内完成操作		每超时1min扣3分，超过5min停止操作	15	3			
合　计			100						

考评员：　　　　　　　　　　　　　　　　　　　　年　　月　　日

技能操作考试试题 19

试题名称：机泵的巡检

一、准备要求

1. 设备准备

序号	名称	规格	数量	备注
1	生活给水泵		1 台	

2. 工具、量具、刃具准备

名称	规格	精度	数量	名称	规格	精度	数量
纸、笔			各 1	防爆对讲机			1 台

二、操作程序规定及说明

(1)按要求机泵的巡检；
(2)各项巡检发现的问题及设备运行参数做好记录；
(3)发现问题及时上报。

三、考核要求

(1)准备时间：5min；
(2)正式操作时间：15min；
(3)计时从正式操作开始，至操作完毕；
(4)规定时间内全部完成，每超 1min，从总分中扣 5 分；总超时 3min，停止作业。

四、配分与评分标准

见技能考核评分记录表 19。

技能考核评分记录表 19

试题名称：机泵的巡检　　　　　　　　　　　　　　　　　　　　考核时间：15min

序号	考试内容	评分要素	配分	评分标准	最大扣分	步长	扣分	得分	备注
1	准备工作	工具、用具准备	5	未准备工具及材料或少准备每件扣 1 分	5	1			
2	操作程序	检查电机的电流和温度	90	未检查该项目扣 15 分	15	15			
		检查泵的进出口压力		未检查该项目扣 10 分	10	10			
		检查泵轴承温度及振动		未检查该项目扣 15 分	15	15			
		检查冷却水情况		未检查该项目扣 10 分	10	10			
		检查润滑情况		未检查该项目扣 10 分	10	10			
		检查密封情况		未检查该项目扣 10 分	10	10			
		检查电机、轴承是否有杂音		未检查该项目扣 10 分	10	10			
		检查各连接部位是否紧固		未检查该项目扣 10 分	10	10			
3	记录	记录检查中发现的问题	5	未记录检查发现的问题扣 5 分	5	5			
4	安全生产及其他	劳保用品穿戴齐全、正确	从总分中扣除	劳保穿戴不齐整不得进入现场	100	100			
		严格按操作规程操作		每违反一项操作规定扣 5 分，严重的停止操作	100	5			
		在规定时间内完成操作		每超时 1min 的扣 5 分，超过 3min 停止操作	15	5			
	合　计		100						

考评员：　　　　　　　　　　　　　　　　　　　　　　　　　　年　　月　　日

技能操作考试试题 20

试题名称：检查机、泵的润滑油油位、油质

一、准备要求

1. 设备准备

序号	名称	规格	数量	备注
1	生活给水泵		1 台	

2. 工具、量具、刃具准备

名称	规格	精度	数量	名称	规格	精度	数量
纸、笔			各 1	防爆对讲机			1 台
润滑油取样器			1 件	一次性无污染软管			1 件
润滑油取样瓶			1 个				

二、操作程序规定及说明

(1)按要求检查机、泵的润滑油油位、油质；
(2)各项检查问题做好记录；
(3)发现问题及时上报。

三、考核要求

(1)准备时间：5min；
(2)正式操作时间：15min；
(3)计时从正式操作开始，至操作完毕；
(4)规定时间内全部完成，每超 1min，从总分中扣 5 分；总超时 3min，停止作业。

四、配分与评分标准

见技能考核评分记录表 20。

技能考核评分记录表20

试题名称：检查机、泵的润滑油油位、油质　　　　考核时间：15min

序号	考试内容	评分要素	配分	评分标准	最大扣分	步长	扣分	得分	备注
1	准备工作	工具、用具准备	5	未准备工具及材料或少准备一件扣1分	5	1			
2	操作程序	检查润滑油液位是否正常	90	未检查该项目扣10分	10	10			
		取样器和软管固定：把取样器上圆螺母拧转一圈，将软管穿过螺母，然后拧紧螺母		未正确将取样器和软管固定扣10分	10	10			
		将取样瓶拧到取样器接头上		未将取样瓶拧到取样器接头上扣10分	10	10			
		拧下油箱油位螺塞，将软管伸入油中		未将软管伸入油中扣10分	10	10			
		将取样器手柄往回拉，利用真空将润滑油流入取样瓶		未将取样器手柄往回拉扣5分	5	5			
		将油抽至取样瓶标记处，不能使取样瓶抽满油		未将油抽至取样瓶标记处扣5分	5	5			
		从取样器接头上拧下取样瓶，注意不要混入尘土和外界杂质，然后拧紧瓶盖		未取下取样瓶扣5分	5	5			
				未拧紧瓶盖扣5分	5	5			
		用干净的布或纸擦干软管端头，拧松螺母，将软管从取样器抽出		未用干净的布或纸擦干软管端头扣5分	5	5			
				未抽出软管扣5分	5	5			
		将取样瓶中的润滑油送检：检查润滑油颜色、有无水分、有无乳化、有无杂质		未检查颜色扣5分	5	5			
				未检查有无水分扣5分	5	5			
				未检查有无乳化扣5分	5	5			
				未检查有无杂质扣5分	5	5			
3	记录	记录操作中发现的问题	5	未记录操作中发现的问题扣5分	5	5			
4	安全生产及其他	劳保用品穿戴齐全、正确	从总分中扣除	劳保穿戴不齐整不得进入现场	100	100			
		严格按操作规程操作		每违反一项操作规定扣5分，严重的停止操作	100	5			
		在规定时间内完成操作		每超时1min的扣5分，超过3min停止操作	15	5			
	合　计		100						

考评员：　　　　　　　　　　　　　　　　年　　月　　日

技能操作考试试题 21

试题名称：常温阀门盘根的更换

一、准备要求

1. 设备准备

序号	名称	规格	数量	备注
1	阀门		1台	

2. 工具、量具、刃具准备

名称	规格	精度	数量	名称	规格	精度	数量
纸、笔			各1	防爆对讲机			1台
常用工具一套			1套				

二、操作程序规定及说明

(1)按要求对常温阀门盘根进行更换；
(2)各项操作问题做好记录；
(3)发现问题及时上报。

三、考核要求

(1)准备时间：5min；
(2)正式操作时间：15min；
(3)计时从正式操作开始，至操作完毕；
(4)规定时间内全部完成，每超1min，从总分中扣5分；总超时3min，停止作业。

四、配分与评分标准

见技能考核评分记录表21。

技能考核评分记录表21

试题名称：常温阀门盘根的更换　　　　考核时间：15min

序号	考试内容	评分要素	配分	评分标准	最大扣分	步长	扣分	得分	备注
1	准备工作	工具、用具准备	5	未准备工具及材料或少准备一件扣1分	5	1			
2	操作程序	打开填料压盖，取出旧盘根	20	未完全打开填料压盖扣10分	10	10			
				取出旧盘根不彻底扣5分	5	5			
				取出旧盘根时损坏填料函、阀杆扣5分	5	5			
		制作新盘根	20	填料圈接缝约45°，否则扣10分	10	10			
				填料圈过长扣5分	5	5			
				填料圈过短扣5分	5	5			
		安装盘根	30	未分层加入扣10分	10	10			
				圈与圈之间接缝未相互错开120°或180°扣20分	20	20			
		压紧填料室压盖	20	压盖歪斜扣10分	10	10			
				压盖压入填料室的深度不能小于填料室高度10%，也不能大于20%，否则扣10分	10	10			
3	记录	记录操作中发现的问题	5	未记录操作中发现的问题扣5分	5	5			
4	安全生产及其他	劳保用品穿戴齐全、正确	从总分中扣除	劳保穿戴不齐整不得进入现场	100	100			
		严格按操作规程操作		每违反一项操作规定扣5分，严重的停止操作	100	5			
		在规定时间内完成操作		每超时1min的扣5分，超过3min停止操作	15	5			
合　计			100						

考评员：　　　　年　　月　　日

技能操作考试试题 22

试题名称：判断过滤器滤芯堵塞故障

一、准备要求

1. 设备准备

序号	名称	规格	数量	备注
1	在用过滤器工艺及设备		套	1

2. 材料准备

序号	名称	规格	数量	备注
1	记录笔	个	1	
2	记录表	张	1	
3	细纱布	块	若干	

3. 工具、量具、刃具准备

名称	规格	精度	数量	名称	规格	精度	数量
防爆对讲机			1	活口扳手			1

二、操作程序规定及说明

(1)准备工作；
(2)检查流程；
(3)检查仪表；
(4)检查结果；
(5)收工具。

三、考核要求

(1)准备时间：5min；
(2)正式操作时间：20min；
(3)计时从正式操作开始，至操作完毕；
(4)规定时间内全部完成，每超 1min，从总分中扣 5 分；总超时 5min，停止作业。

四、配分与评分标准

见技能考核评分记录表 22。

技能考核评分记录表 22

试题名称：判断过滤器滤芯堵塞故障　　　　考核时间：20min

序号	考试内容	评分要素	配分	评分标准	最大扣分	步长	扣分	得分	备注
1	准备工作	准备工具、材料等，并汇报中控室做好操作准备	15	工具和材料未配齐全，每项扣2分	10	2			
				未汇报中控室扣5分	5	5			
2	检查工艺流程(设定流程)	确认过滤器及其上游和下游阀门正常投用	28	未确认过滤器正常投用扣7分	7	7			
				未对过滤器上游阀门打开情况确认扣7分	7	7			
				未对过滤器下游阀门打开情况确认扣7分	7	7			
				未检查无泄漏扣7分	7	7			
3	检查仪表	检查过滤器上下游压力表和压差表是否正常投用(包括就地仪表和远传仪表)	42	未检查过滤器上游压力表是否正常投用(包括就地仪表和远传仪表)扣7分	7	7			
				未检查过滤器下游压力表是否正常投用(包括就地仪表和远传仪表)扣7分	7	7			
		检查上下游就地压力表和远传压力(DCS)读数一致		未检查上下游就地压力表和远传压力表(DCS)读数一致扣7分	7	7			
		检查过滤器就地压差表和远传压差表(DCS)读数一致		未检查过滤器就地压差表和远传压差表(DCS)读数一致扣7分	7	7			
		检查过滤器下游压力是否降低		未检查过滤器下游压力是否降低扣7分	7	7			
		检查过滤器压差是否偏大		未检查过滤器压差是否偏大扣7分	7	7			
4	检查结果	判定过滤器是否堵塞	10	未得出正确结论扣10分	10	10			
5	操作结束	工具回收、清理现场	5	未清理现场扣5分	5	5			
6	安全生产及其他	劳保用品穿戴齐全、正确	从总分中扣除	劳保穿戴不齐整不得进入现场扣100分	100	100			
		严格按操作规程操作		每违反一项操作规定扣5分，严重的停止操作	100	5			
		在规定时间内完成操作		每超时1min扣4分，超过5min停止操作	20	4			
合　计			100						

考评员：　　　　年　　月　　日

技能操作考试试题 23

试题名称：检查 ORV 海水分布、换热管结冰情况

一、准备要求

1. 设备准备

序号	名称	规格	数量	备注
1	ORV		1 台	正常运行

2. 材料准备

序号	名称	规格	数量	备注
1	记录笔	个	1	
2	记录表	张	1	

3. 工具、量具、刃具准备

名称	规格	精度	数量	名称	规格	精度	数量
可燃气体检测仪	CH_4		1 台	手电筒	防爆		1 把
防爆对讲机			1 台				

二、操作程序规定及说明

(1)准备工作；
(2)确认设备正常运行；
(3)检查海水分布；
(4)检查换热管结冰情况；
(5)检查结果；
(6)收工具、清理现场。

三、考核要求

(1)准备时间：5min；
(2)正式操作时间：20min；
(3)计时从正式操作开始，至操作完毕；
(4)规定时间内全部完成，每超 1min，从总分中扣 3 分；总超时 5min，停止作业。

四、配分与评分标准

见技能考核评分记录表 23。

技能考核评分记录表 23

试题名称：检查 ORV 海水分布、换热管结冰情况　　　　考核时间：20min

序号	考试内容	评分要素	配分	评分标准	最大扣分	步长	扣分	得分	备注
1	准备工作	准备工具	10	未正确准备工具及材料每少一样扣 5 分	10	5			
2	确认设备可正常运行	现场并向中控室确认 ORV 正运行	10	未现场确认扣 5 分	5	5			
				未向中控室确认扣 5 分	5	5			
3	检查海水分布	检查海水流量、海水分布槽异物、海水分布蝶阀开度、海水分布槽安装情况、海水槽溢流堰水位高度、换热管两侧海水量稳定等情况是否正常	35	未检查海水流量扣 5 分	5	5			
				未检查海水分布槽是否有异物扣 5 分	5	5			
				未检查海水分布蝶阀开度是否正常扣 5 分	5	5			
				未检查海水分布槽钢板安装情况扣 5 分	5	5			
				未检查海水分布槽橡胶塞安装情况扣 5 分	5	5			
				未检查海水槽溢流堰水位高度是否一致扣 5 分	5	5			
				未检查换热管两侧海水量是否稳定	5	5			
4	检查换热管结冰情况	从换热管的侧面和正面分别检查海水结冰高度及同一个换热板结冰高度差	20	未从侧面检查换热管结冰高度扣 10 分	10	10			
				未从正面检查换热管结冰高度(平均结冰高度不超过 3m)扣 5 分	5	5			
				未从正面检查换热管同一个换热板结冰高度差(高度差不超过 1.2m)扣 5 分	5	5			
5	检查结果	得出海水分布情况	20	未正确得出检查结果扣 10 分	10	10			
		得出换热管结冰结果		未正确得出检查结果扣 10 分	10	10			

续表

序号	考试内容	评分要素	配分	评分标准	最大扣分	步长	扣分	得分	备注
6	操作结束	工具回收、清理现场	5	未清理现场扣5分	5	5			
7	安全生产及其他	劳保用品穿戴齐全、正确	从总分中扣除	劳保穿戴不齐整不得进入现场	100	100			
		严格按操作规程操作		每违反一项操作规定扣5分，严重的停止操作	100	5			
		在规定时间内完成操作		每超时1min扣3分，超过5min停止操作	15	3			
合　计			100						

考评员：　　　　　　　　　　　　　　　　　　　　　　　　　　年　　月　　日

技能操作考试试题 24

试题名称：使用便携式可燃气体检测仪

一、准备要求

1. 材料准备

序号	名称	规格	数量	备注
1	记录纸		1 张	
2	记录笔		1 支	

2. 工具、量具、刃具准备

名称	规格	精度	数量	名称	规格	精度	数量
可燃气体检测仪	CH_4		1 台	防爆对讲机			1 台

二、操作程序规定及说明

(1)准备工作；
(2)使用前检查；
(3)使用可燃气体检测仪检测；
(4)汇报、记录。

三、考核要求

(1)准备时间：3min；
(2)正式操作时间：15min；
(3)计时从正式操作开始，至操作完毕；
(4)规定时间内全部完成，每超 1min，从总分中扣 5 分；总超时 4min，停止作业。

四、配分与评分标准

见技能考核评分记录表 24。

技能考核评分记录表 24

试题名称：使用便携式可燃气体检测仪　　　　考核时间：15min

序号	考试内容	评分要素	配分	评分标准	最大扣分	步长	扣分	得分	备注
1	准备工作	准备工器具、量具	10	每少一样扣5分	10	5			
2	使用前检查	检查可燃气体检测仪外观	35	未检查可燃气体检测仪外观，扣7分	7	7			
		确认检测仪在检定有限期内		未确认可燃气体检测仪是否在检定有效期内扣7分	7	7			
		开机检查检测仪电量是否充足		开机未检查电量扣7分	7	7			
		有无异常报警		开机未检查无异常报警扣7分	7	7			
		有无示数不归零情况		开机未检查示数是否归零扣7分	7	7			
3	使用可燃气体检测仪检测	检测人员站在上风口检测	40	人员未在上风口检测扣10分	10	10			
		将吸入口对准需检测区域或检测点		检测吸入口未对准检测点的扣5分	5	5			
		使用时防止水或其他液体进入		吸入口进水扣10分	10	10			
		正确读取便携式可燃气体检测仪显示参数		不知道LEL含义的扣5分	5	5			
				不会读取实际可燃气体含量的扣10分	10	10			
4	汇报、记录	记录并汇报检测结果	10	未汇报检测结果、报警情况扣5分	5	5			
				未记录检测结果、报警情况扣5分	5	5			
5	清理工具	清点工具，清理现场	5	未清点工具、清理现场扣5分	5	5			
6	安全生产及其他	劳保用品穿戴齐全、正确	从总分中扣除	劳保穿戴不齐整不得进入现场	100	100			
		严格按操作规程操作		每违反一项操作规定扣5分，严重的停止操作	100	5			
		在规定时间内完成操作		每超时1min扣5分，超过4min停止操作	20	5			
		合　计	100						

考评员：　　　　年　　月　　日

技能操作考试试题 25

试题名称：处理普通的离心泵抽空事故

一、准备要求

1. 设备准备

序号	名称	规格	数量	备注
1	离心泵		1台	

2. 材料准备

序号	名称	规格	数量	备注
1	记录纸		1张	
2	记录笔		1支	

3. 工具、量具、刃具准备

名称	规格	精度	数量	名称	规格	精度	数量
F扳手			1把	防爆对讲机			1台

二、操作程序规定及说明

(1)停泵；
(2)判断抽空的原因；
(3)处理抽空问题；
(4)汇报、记录。

三、考核要求

(1)准备时间：3min；
(2)正式操作时间：15min；
(3)计时从正式操作开始，至操作完毕；
(4)规定时间内全部完成，每超1min，从总分中扣5分；总超时4min，停止作业。

四、配分与评分标准

见技能考核评分记录表25。

技能考核评分记录表 25

试题名称：处理普通的离心泵抽空事故　　考核时间：15min

序号	考试内容	评分要素	配分	评分标准	最大扣分	步长	扣分	得分	备注
1	准备工作	准备工器具	5	未准备工具、量具扣5分	5	5			
2	停泵	停离心泵	10	停泵前未关闭出口阀扣10分	10	10			
3	判断抽空的原因	检查水泵及吸入口流程，有无泄漏	10	未查看水泵有无泄漏情况扣5分	5	5			
				未查看吸入口有无泄漏情况扣5分	5	5			
		排查抽空原因，原因可能有：吸入口阀门未开或开度过小、入口管线泄漏严重、入口过滤器堵塞、泵入口密封泄漏严重、泵内有气体未放净、水罐/水池液位偏低等	30	未排查吸入口阀门未开或开度过小扣5分	5	5			
				未排查入口管线泄漏严重扣5分	5	5			
				未排查入口过滤器堵塞扣5分	5	5			
				未排查泵入口密封泄漏严重扣5分	5	5			
				未排查泵内有气体未放净扣5分	5	5			
				未排查水罐/水池液位偏低扣5分	5	5			
4	处理措施	入口阀门未开或开度过小时，打开阀门或开大阀门	30	未打开或开大阀门扣5分	5	5			
		入口管线泄漏严重时维修泄漏点		未维修漏点扣5分	5	5			
		入口过滤器堵塞时清理过滤器		未清理过滤器扣5分	5	5			
		泵入口密封泄漏严重时维修或更换密封		未维修或更换密封扣5分	5	5			
		泵内有气体未放净时灌泵将气体排出		未灌泵将气体排出扣5分	5	5			
		水罐/水池液位偏低时补水，待液位达到要求时再启泵		未及时对水罐、水池补水扣5分	5	5			

续表

序号	考试内容	评分要素	配分	评分标准	最大扣分	步长	扣分	得分	备注
5	汇报、记录	汇报抽空原因及处理措施并记录	15	未汇报抽空原因及处理措施扣5分	5	5			
				未记录抽空原因及处理措施扣5分	5	5			
		清点工具、清理现场		未清点工具、清理现场，扣5分	5	5			
6	安全生产及其他	劳保用品穿戴齐全、正确	从总分中扣除	劳保穿戴不齐整不得进入现场	100	100			
		严格按操作规程操作		每违反一项操作规定扣5分，严重的停止操作	100	5			
		在规定时间内完成操作		每超时1min扣5分，超过4min停止操作	20	5			
合　计			100						

考评员：　　　　　　　　　　　　　　　　　　　　　　　　年　　月　　日

技能操作考试试题 26

试题名称：使用移动式干粉灭火器扑灭初期火灾

一、准备要求

1. 材料准备

序号	名称	规格	数量	备注
1	记录纸		1 张	
2	记录笔		1 支	

2. 工具、量具、刃具准备

名称	规格	精度	数量	名称	规格	精度	数量
火盆			1 个	移动式干粉灭火器			1 个

二、操作程序规定及说明

(1)检查；
(2)干粉灭火器扑灭初期火灾；
(3)汇报、记录。

三、考核要求

(1)准备时间：2min；
(2)正式操作时间：10min；
(3)计时从正式操作开始，至操作完毕；
(4)规定时间内全部完成，每超 1min，从总分中扣 5 分；总超时 3min，停止作业。

四、配分与评分标准

见技能考核评分记录表 26。

技能考核评分记录表 26

试题名称：使用移动式干粉灭火器扑灭初期火灾　　考核时间：10min

序号	考试内容	评分要素	配分	评分标准	最大扣分	步长	扣分	得分	备注
1	准备工作	准备工器具	10	每少一样扣 5 分	10	5			
2	检查	检查干粉灭火器压力表是否在绿区	25	未检查干粉灭火器压力的扣 5 分	5	5			
		检查干粉灭火器、二氧化碳灭火器外观		灭火器压把、提把、喷管、保险销等每少一项扣 5 分	20	5			
3	使用干粉灭火器扑灭初期火灾	手提提把迅速赶到着火处附近，使用前颠倒几次使干粉松动	50	使用前未颠倒几次扣 10 分	10	10			
		拔下保险销		使用前未拔保险销扣 10 分	10	10			
		在距火焰 2～4m 上风侧的地方，一手握喷管、一手压下压把，灭火器保持竖直		未在上风侧扣 5 分	5	5			
				使用过程未保持灭火器竖直的扣 5 分	5	5			
		对准火焰根部由近而远，左右扫射，直至火焰全部熄灭		未对准火焰根部、由近而远左右扫射，扣 10 分	10	10			
				对准油液面喷射造成油液飞溅火势扩大的扣 5 分	5	5			
				未完全扑灭，火焰复燃的扣 5 分	5	5			
4	汇报、记录	汇报灭火情况并记录	15	未汇报灭火情况的扣 5 分	5	5			
				未记录灭火情况的扣 5 分	5	5			
		清点工具、清理现场		未清点工具、清理现场，扣 5 分	5	5			
6	安全生产及其他	劳保用品穿戴齐全、正确	从总分中扣除	劳保穿戴不齐整不得进入现场	100	100			
		严格按操作规程操作		每违反一项操作规定扣 5 分，严重的停止操作	100	5			
		在规定时间内完成操作		每超时 1min 扣 5 分，超过 3min 停止操作	15	5			
	合　计		100						

考评员：　　年　月　日

技能操作考试试题 27

试题名称：使用消防水炮、消防干粉炮灭火

一、准备要求

1. 设备准备

序号	名称	规格	数量	备注
1	消防水炮		1 台	
2	消防干粉炮		1 台	

2. 材料准备

序号	名称	规格	数量	备注
1	记录纸		1 张	
2	记录笔		1 支	

二、操作程序规定及说明

(1)检查；
(2)消防水炮操作；
(3)消防干粉炮操作；
(4)汇报、记录。

三、考核要求

(1)准备时间：2min；
(2)正式操作时间：10min；
(3)计时从正式操作开始，至操作完毕；
(4)规定时间内全部完成，每超 1min，从总分中扣 5 分；总超时 3min，停止作业。

四、配分与评分标准

见技能考核评分记录表 27。

技能考核评分记录表 27

试题名称：使用消防水炮、消防干粉炮灭火　　　　考核时间：10min

序号	考试内容	评分要素	配分	评分标准	最大扣分	步长	扣分	得分	备注
1	检查	检查消防炮控制系统已送电，无故障报警	17	未检查控制系统是否送电扣2分	2	2			
				未检查控制系统有无故障报警扣3分	3	3			
		检查消防水炮手阀和电动阀状态		手阀、电动阀状态少检查一个扣3分	6	3			
		检查干粉罐及管路、氮气瓶压力等是否正常		干粉罐、氮气瓶压力少检查一项扣3分	6	3			
2	消防水炮操作	通过控制面板控制消防炮的位置	10	不会调整消防炮位置的扣10分	10	10			
		通过控制面板打开电动阀	5	不会打开电动阀扣5分	5	5			
		关注消防管网压力，观察水炮喷水的射程	10	未观察消防管网压力扣5分	5	5			
				未观察水炮喷水射程扣5分	5	5			
		结合消防需要调整水炮直流或喷雾模式，调整水炮方向	10	不会转换直流、喷雾模式的扣10分	10	10			
		消防任务完成后关闭水炮电动阀	5	未关闭水炮电动阀扣5分	5	5			
3	消防干粉炮操作	调整干粉炮炮口对准火源	5	不会调整干粉炮位置的扣5分	5	5			
		按下控制柜启动按钮，启动装置动作，高压氮气瓶头阀打开	10	不会启动干粉装置的扣10分	10	10			
		控制柜压力指示灯亮时按下按钮打开干粉炮进口电动阀，将干粉喷射至火源	20	控制柜压力指示灯亮时未打开干粉炮进口电动阀的扣10分	10	10			
				未确认干粉喷射至火源的扣10分	10	10			

续表

序号	考试内容	评分要素	配分	评分标准	最大扣分	步长	扣分	得分	备注
4	汇报、记录	汇报灭火情况并记录	8	未汇报灭火情况的扣3分	3	3			
				未记录灭火情况的扣2分	2	2			
		清理现场		未清理现场扣3分	3	3			
5	安全生产及其他	劳保用品穿戴齐全、正确	从总分中扣除	劳保穿戴不齐整不得进入现场	100	100			
		严格按操作规程操作		每违反一项操作规定扣5分，严重的停止操作	100	5			
		在规定时间内完成操作		每超时1min扣5分，超过3min停止操作	15	5			
合　计			100						

考评员：　　　　　　　　　　　　　　　　　　　　年　　月　　日

技能操作考试试题 28

试题：使用正压式空气呼吸器

一、准备要求

设备准备

序号	名称	规格	数量	备注
1	正压式空呼器		1 套	

二、操作程序规定及说明

(1)附件检查；
(2)压力检查；
(3)报警测试；
(4)佩戴；
(5)气密性检查；
(6)正常使用；
(7)卸下空呼器；
(8)使用后检查。

三、考核要求

(1)准备时间：3min；
(2)正式操作时间：10min；
(3)计时从正式操作开始，至操作完毕；
(4)规定时间内全部完成，每超 1min，从总分中扣 5 分；总超时 3min，停止作业。

四、配分与评分标准

见技能考核评分记录表 28。

技能考核评分记录表28

试题名称：使用正压式空气呼吸器　　　　操作时间：10min

序号	考试内容	评分要素	配分	评分标准	最大扣分	步长	扣分	得分	备注
1	准备工作	报告开始	5	未报告开始扣5分	5	5			关键程序发生颠倒错误扣20分
2	附件检查	检查气瓶是否有裂纹或划伤；面罩及高中压管路是否有裂纹或划伤；检查背具是否完好、有效	15	未检查气瓶扣5分	5	5			
				未检查面罩及高中压管路扣5分	5	5			
				未检查背具扣5分	5	5			
3	压力检查	检查气瓶压力是否在27MPa以上，并读出数值；检查胸表和气瓶压力表读数是否一致	10	未正确检查气瓶压力扣5分	5	5			
				未对胸表和气瓶压力读数进行比较扣5分	5	5			
4	报警测试	测试呼吸阀开关是否正常；测试低压报警功能是否正常	10	未测试呼吸阀开关扣5分	5	5			
				未正确进行低压报警测试扣5分	5	5			
5	佩戴程序	将空气呼吸器背起，调节好肩带和腰带，并系紧；检查呼吸阀开关是否关闭；打开气瓶阀；戴上面罩，顺序拉紧头带	20	未调节肩带、腰带扣5分	5	5			
				未检查呼吸阀开关扣5分	5	5			
				未打开气瓶阀扣5分	5	5			
				未正确戴紧面罩扣5分	5	5			
6	气密性检查	检查面罩气密性，确保面罩边缘和人体面部的充分贴合	5	未检查面罩气密性扣5分	5	5			
7	正常使用	将供气阀与面罩连接；吸气后空气呼吸器进入正常使用状态	10	未正确将供气阀与面罩连接扣5分	5	5			
				未进入正常使用状态扣5分	5	5			
8	卸下空呼器	关闭供气阀，同时脱开供气阀与面罩的连接；按照从下到上的顺序松开头带，取下面罩；脱开腰带扣、胸带扣和肩带，卸下空呼器	15	未正确脱开供气阀与面罩连接扣5分	5	5			
				未正确取下面罩扣5分	5	5			
				未正确卸下空呼器扣5分	5	5			
9	使用后检查	关闭气瓶阀；打开呼吸阀开关，排除供气管路中的残气	10	未关闭气瓶阀扣5分	5	5			
				未正确排除残气扣5分	5	5			
10	安全生产及其他	劳保用品穿戴齐全、正确	从总分中扣除	劳保穿戴不齐整不得进入现场	100	100			
		严格按操作规程操作		每违反一项操作规定扣5分，严重的停止操作	100	5			
		在规定时间内完成操作		每超时1min扣5分，超过3min停止操作	15	5			
		合　计	100						

考评员：　　　　年　　月　　日